小さな
豆屋の反逆

田舎の菓子製造業が貫いた
レジリエンス経営

池田光司
IKEDA KOJI

幻冬舎MC

はじめに

「自分の会社は、あと何年続くだろうか」

経営者なら誰もが一度は会社の寿命を考えたことがあるはずです。

東京商工リサーチのデータを見ると、２０２０年に倒産した企業の存続年数は平均23・3年でした。製造業は33・4年、情報通信産業は14・9年といった産業による差はありますが、創業から20年くらいが企業の平均寿命です。

経営者にとっての理想は、長きにわたり会社を存続させていくことですが、それを脅かすような大きな危機は突然やってきます。例えば、グローバル競争の激化により価格破壊が起きたり、消費者ニーズの変化で市場が急速に縮小する例はさまざまな業界で繰り返されてきました。過去にはスマートフォンの急速な普及により、かつての一大市場だったガラケー、デジタルカメラの売上が激減するということもありました。それに加えて、リーマンショックのような世界的な経済危機や、地震やコロナ禍のような予測不能な外部要因によるリスクも存在します。

私は北海道にある創業74年を迎える豆菓子メーカーを営んでいます。

戦後の混乱期だった１９４８年に私の父が乾物問屋として創業し、１９８４年に私が二代目に就任、バターピーナッツの製造を開始しました。バターピーナッツは会社の主力事業として着実に伸びていきました。

しかし、逆風は吹くものです。

私が会社を継いでまもなく、大きな危機が会社を襲いました。中国からの安価な輸入品が増え、バターピーナッツは価格競争に巻き込まれ、売上はみるみるうちに激減していきました。

そこで私は、主力商品だったバターピーナッツに変わる斬新な商品を作ろうと決意、当時はまだメジャーでなかったカシューナッツに目を付けました。カシューナッツは形状が特殊なことから、菓子にするには高度な技術を必要とし、新しく高額な機械を導入しなくてはいけないことから、豆屋業界では誰も手を付けていませんでした。しかし、だからこそ私は、このカシューナッツを菓子にできたら他社が真似できない商品が生まれ、必ずヒットすると考えました。そこで、お金も人員も技術も全てカシューナッツに注ぎこむために、３億円投資したバターピーナッツの製造ラインを思い切って廃棄、先代が好調な時期に蓄えた私財を投げ打って５０００万円のカシューナッツ菓子用の製造ラインを投入、新商品製造に注力したのです。

その結果、カシューナッツに衣をつけて味付けした「焼カシュー」は他社にはないユニークな商品となり、大ヒット。今では当社の主力商品になっています。

一方で変化に適応しようとせず、旧来のやり方を変えなかった周りの問屋や豆菓子メーカーはどんどん廃業していきました。

その後も幾度となく危機は訪れました。北海道は80年代まで陸の孤島として競合がなく独り勝ち状態でしたが、１９８８年の青函トンネル開設により本州の高品質なライバル商品が流入、売上は激減しました。そこで、地場の食材を武器に、北海道産の豆にこだわった商品で本州に立ち向かいました。また、２０００年代に入ると、ＯＥＭ製品が増え薄利に陥ったため、思い切ってＯＥＭから脱却、自社ブランド1本で勝負することにしました。私はその都度、過去の成功や従来のやり方にとらわれず、変化に素早く対応し、決断して動いてきました。こういった経営が功を奏し、当社は老舗豆菓子屋へと成長したのです。

このように、外部環境の変化に臨機応変に対応する経営のことをレジリエンス経営というのだそうです。レジリエンスは、弾力、回復力、復元力といった意味の言葉で、私はこの言葉を、ピンチをはねのけ、チャンスに変える力だと理解しています。

例えば、市場の先行きが暗いなら、新しい市場に乗り出す、材料や人件費の高騰で利益が出なくなっているのなら、新製品を生み出す。当然のことのように聞こえるかもしれませんが、実際に危機に直面したときに思い切った決断を下すことは容易ではありません。

しかし実際は老舗企業と呼ばれる企業の多くが、このように外部環境の変化に臨機応変に対応することで長い間経営を続けているのです。

企業を経営するなかで、どう対策しても避けられない危機はあります。

そのため、本書では、危機を察知する方法や回避術には触れません。渦中で活路を見つけ、ダメージを素早く回復する方法を、当社の経験を踏まえながら説明します。

既存の事業で稼げなくなっても、どれだけダメージを負っても、柔軟性を持って変化に食らいついていけば、自分たちの強みを生かせる新たな活路が必ず見えてきます。

本書を通して、読者の皆さんが少しでも勇気と元気を取り戻してくれたらこれほどうれしいことはありません。

小さな豆屋の反逆　田舎の菓子製造業が貫いたレジリエンス経営　目次

［第5章］　中小企業大廃業時代にピンチをチャンスに変える

追い詰められた時こそ再起につながるレジリエンスを発揮せよ

［第1章］

価格競争、人材不足、消費者ニーズの多様化――田舎の小さな豆屋に吹き荒れる逆風

地の利がない場所での創業

私は後継者という立場で入社しました。入社時の社長は当社の創業者で、私の父です。会社を創業する前、父は北海道小樽市の池田屋（小樽池田屋）に丁稚奉公しており、その後、卸の分野で頭角を現し、小樽池田屋の番頭として台湾バナナの買い付けに携わり、タケノコ、椎茸、カンピョウなどを扱うようになりました。

卸の基本は、高く売れるものを安く仕入れることです。その点で商才があった父は、「相場の池田」といわれて小樽池田屋の発展に貢献しました。小樽池田屋はその後、菓子の製造をスタート、主力はキャラメルと豆菓子でした。ちょうどそのころ、父は小樽池田屋から暖簾分けを受け独立。１９４８年、現在の会社を創業しました。

今の北海道を知る人には想像しづらいかもしれませんが、当時は札幌市よりも小樽市のほうが栄えていました。暖簾分けで小樽市内に開業すると競合となってしまうため、父は札幌で開業することになったのです。そのことについて、父は晩年になって「都落ちしたような気持ちだった」と話していたことがありました。それくらい小樽と札幌では経済規模が違っていたのです。

札幌に移った父は、札幌駅の北口から歩いて5分ほどの場所に家を借り、ここを自宅兼事務所としながら、この家の2畳の玄関口で椎茸などの乾物商を開いたのです。屋号は、暖簾分けしてもらった小樽池田屋と、母の名前である「マツ」をとって「有限会社松屋池田商店」としました。小樽からは離れましたが、開業時には小樽で付き合いがあった商人たちから応援を受けて、なんとか商売になったのだそうです。

「泰一さん（父）が独立するなら応援するよ」

そう言って商人たちが乾物作りの原材料を無条件で提供してくれたといいます。

商いは信用力がものをいいます。地の利がなくても土地勘がない場所でも、支えてくれる人がいれば商売はできます。資金や人などのリソースが少なく、そのせいで事業の立ち上げでつまずくことが多い中小企業や個人商店にとっては、信用こそが財産です。

適応したものが生き残る

事業を始めて少し経ち、父は壁にぶつかりました。まず、札幌の経済規模が小さく、乾物商として会社を大きくしていくだけの十分な需要が見込めなかったことです。小樽と比べて、農作物の集荷量も消費量も大きく異なるため、小樽で成り立った事業を札幌で再現しても商売にはならないと考えたのです。

また、乾物業の利益は原材料の相場に影響を受けます。気候変動によって業績が大きく揺らぎますし、当時は今のような情報化社会ではありませんので、仕入れ先の情報なども得られず、新天地の札幌では苦労があったそうです。そこで視点を大きく変えて、当時から取り扱いがあった落花生（ピーナッツ）に目を向けます。

「椎茸がダメで、ピーナッツはいける」と考えた理由は父にしか分かりません。ピーナッツはいけると言い切れる根拠もなかったはずです。事業に正解はありませんから、これは賭けだったと思います。ただ、賭けの要素はありつつも、素早く、大胆に事業内容を変えることは中小企業にとって重要なことです。

進化論で有名なダーウィンによる種の起源を解説するにあたり、ルイジアナ州立大学の経営学の教授であるレオン・C・メギンソンは、「生き残る生物は、強いものでも賢いものでもなく、変化に対応できるものだ」という主旨の言葉を残しています。企業も同じで、生き残ることを考えるのなら変わることを考える必要があります。最近でこそ、ベンチャー企業やスタートアップ企業が創業後に事業内容を大幅に変える例（ピボット）をよく耳にしますが、それとよく似た判断をしたことが今の成功につながっています。

この柔軟性と大胆さが私たちの会社の未来を作りました。「ピーナッツをやろう」という父の判断がなければ、今も椎茸屋だったかもしれませんし、時代の変化に適応できずに間違いなく消滅していただろうと思います。

バターピーナッツが急拡大

父が始めた事業は、バターピーナッツの製造業です。

バターピーナッツは、油で揚げたピーナッツにバターを絡めて味付けしたもので、酒飲みの人にはバタピーと呼ばれて親しまれているおつまみの一種です。ちなみに、語感がよく似たものにピーナッツバターがありますが、これは乾燥させたピーナッツを砕いてペースト状にしたもので、原材料は一緒ですが製品としては別物です。

バターピーナッツ作りは、殻から取り出したピーナッツを茹でるところから始まります。ピーナッツ問屋から仕入れた国産のピーナッツを茹でて、ふやけたところで薄皮を剥きます。その後、しばらく寝かせ、油で揚げます。最後に、バターまたはマーガリンと塩を混ぜます。この作業を、父は家の2畳の土間で行いました。来る日も来る日も、コツコツとバターピーナッツを作っていました。

私の幼少期の記憶で、ピーナッツを茹でる匂いが2階の寝室まで香ってきたことを覚えています。高級品として扱われていたピーナッツを一粒たりとも無駄にしないように、丁寧に皮むき作業をしていた父の背中もよく覚えています。

一斗缶2つ分、総量24キログラムのバターピーナッツをリアカーに乗せてすすきのに売りに行っていました。その日に作ったバターピーナッツはその日に売り切ることが原則ですから、売れるまで帰れません。売れなかったらどうしよう、というプレッシャーはあったはずですが、父は毎日、きっちり売り切っていました。

帰宅後、少し残しておいたバターピーナッツで晩酌するのが日課でした。お酒を飲みつつ、バターピーナッツを口に放り込み「うん、今日はまあまあだな」とか「塩気が薄かったか」などと小さくつぶやきます。その様子を見ながら「……毎日食べて飽きないのだろうか」と思っていましたが、その日のバターピーナッツの出来を確認したり、味の改良のヒントを考えたりしていたのだと思います。

世間ではそのころから徐々に、バターピーナッツはおつまみの代表として広がっていきます。2畳の土間から始まった1人仕事も、創業から10年ほど経った1960年ごろには大きく様変わりし、すすきのの近く（現在の二条市場）に工場を作って、最盛期で日産5トンのバターピーナッツを生産するまでに成長していったのです。

すすきのの飲食店からは毎日のように注文があります。このころには菓子問屋からも注文を受けるようになっていました。工場では20名ほどの女性の職員たちが一生懸命皮剥きをしています。薄皮を剥く作業は骨が折れる仕事で、従業員たちは「ピーナッツの皮より先に指の皮がむける」と笑いながら話していました。

しかし、以前と比べて量が増えたため、大変な重労働になっていました。しかも、納品先によってはバターピーナッツを2階まで運んだり、一斗缶を20缶くらい運んだりしていたといいます。

まもなくして、納品のためのオート三輪が導入されると、いつも汗だくになって配達していた従業員の1人が「これはいいぞ。楽ちんだ。夢のようだ」と言っていたのを覚えています。

二代目経営者になるための大阪修業

大学卒業後、私は東京で就職しました。就職先は商社で、関東一円のスーパーマーケットやデパートに向けた販売促進の仕事に従事しました。大手のスーパーマーケットが店舗数を増やし、地域の商店街が苦戦するようになったのがこのころです。この変化を目の当たりにできたのは幸運でした。

スーパーマーケットが一つできるだけで、町の人の流れは変わります。人の流れを踏まえて商品を流通させるのが商売の基本ですので、このときの仕事を通じて、誰が、どこで、何を買っているか観察する目を養うことができました。

それから数十年の間に、コンビニエンスストアが増え、ショッピングモールが増え、さらに最近ではそれらのリアル店舗からECへ移っていっています。このような変化の中で、私も売り方や売れる商品を考えるわけですが、変化に対応できたのは、このときに、ヒト、もの、カネの流れを構造的に理解できたことが大きかったと思います。

商社の仕事は面白く、学びがたくさんありました。

しかし、入社から4年ほど経ったころに父が病気になり、私は跡継ぎの準備をすることになりました。

「豆作りを学んでこないと家業を継がせることはできない」

父にそう言われて、私は父が最も尊敬していた大阪の豆菓子製造会社に行き、1年半程豆工場の2階に住み込みながら2年半程修業させてもらうことになったのです。

中小企業は、社長が「4番のエース」（野球において、自分のポジションでベストパフォーマンスを見せつつ、チームメイトやファンに対しても期待を裏切らないという、多様な才能を発揮する者）であるケースがほとんどです。社長が取引先を開拓し、社長が会社の進む方向を示し、社長が現場を取り仕切ります。

そのため、金勘定ができるだけでは経営者とはいえません。特にものづくりをする会社は、職人の技術、アイデア、取り組み方が重要ですし、経営者は、その重要性を理解している必要があります。大阪修業は、そのためのものでした。またこの1年半で、私は豆の

煎りかた、味付けを学びました。この時に獲得した技術から人生を学び、のちの経営に生きてきます

五感で仕事を身につける

豆菓子作りは、学んだというより体得したといったほうがピッタリきます。職人の世界ではよくある話で、できるだけ多くのことを学びたいのですが、先輩の職人は基本的には何も細かく説明してくれません。まずは先輩の仕事を手伝ったり、先輩の作業する様子を後ろから見たりしながら、目で見て覚えます。少し経つと「お前もやってみるか」と言ってもらえるようになり、失敗しながら覚えていきます。

最初に任せてもらった仕事は、豆に蜜と粉を掛ける仕事でした。釜の中で豆を動かしながら、均等に衣を掛けていく仕事です。これは豆菓子作りでは最も基本的な工程のはずでした。しかし、これがうまくできません。結局、その時に私が作ったものは、均等に味付けができずに不良品となり、すぐに先輩が新しく作り直してその日の出荷分を埋め合わせました。

簡単な仕事すらできない自分にも、材料を無駄にしてしまったことにも落ち込みました。その様子を気にかけてくれたのか、職人さんは翌日以降も「よく見ておけよ。こうやってやるんだ」と言いながら、丁寧に作り方を見せてくれました。そのような温かいてほどきを受けながら、豆菓子作りを学んでいったのです。

そのうちに、釜を転がる豆の音や焙煎された豆の匂いで、炒り加減が分かるようになってきました。出来上がったものを食べて、味の良し悪しも分かるようになり、美味しくなかった時の原因が考えられるようになってきたのです。こうして、五感を通じて豆菓子作りを学んでいきました。東京時代70kgあった体重は52kgにまでなっていました。

頭で理解したことは忘れがちですが、体で覚えたことは忘れません。いくつになっても自転車に乗れたり泳げたりするのと同じで、体得できるかどうかが大事なのです。豆菓子の世界に限らず、職人というのは体得の世界なのだと実感しました。理屈ではなく実践が大事です。

「こうしたらもっと美味しくなるのではないか」という発想も「こうやって炒ったほうが美味い」といった技術も、半分くらいは理屈で説明できますが、残りの半分は経験や感性です。その点で、職人の仕事はアートに近いと感じましたし、今でも私が職人の意見や技術を大事にするのも、大阪での修業時代に感じた職人へのリスペクトが根底になっています。

不況でじわじわと売り上げが減っていく

1年半の修業で豆菓子作りの基礎を学び、1977年、28歳の時に家業に戻りました。そこでまず感じたのは「大阪の修業時代に比べ工場はまるで眠っているように静かだ」ということでした。かつては従業員が忙しそうに動き回り機械があちこちで稼働していましたが、活気が感じられなくなっていたのです。

この時も、まだバターピーナッツは売れていましたが、徐々に売れ行きが悪化していました。注文数も注文量も減りましたが、かといってすぐに会社が倒産するほどではなく、まるで病気が父の体を蝕んでいくように、バターピーナッツの売り上げは着実に減っていきました。

売り上げが減っている原因は、外国製品が市場に参入してきたことによる構造不況でした。このころの私たちの会社は、ピーナッツ問屋から千葉県や茨城県産のピーナッツを買い、バターピーナッツに加工していました。その後、安価な中国産原材料が輸入されるようになったため、原材料を国産から輸入品に変えて価格競争力をつけようと考えました。ただ、同じように国産よりも安い中国産の原材料を使う業者は多く、価格競争が激しくなっていきました。

しかし、構造不況の原因はそれだけではありません。脱酸素剤が開発され、鮮度と美味しさを落とさずに輸入できる技術が広まっていくことで、中国からは原材料のピーナッツではなく、現地で作ったバターピーナッツの製品自体が輸入されるようになっていきました。

この変化に、すぐに対応したのがバターピーナッツの生産設備を作っている日本の機械メーカーです。そもそもピーナッツは南京豆とも呼ばれ、中国が世界的な生産地です。加工に関しても、中国は人口が多く労働力が豊富ですし人件費が安いという強みがあります。そこで機械メーカーは国内で加工する事業モデルに加えて、中国に機械を持ち込み、現地で生産して日本に出荷する事業モデルに変えていきました。結果、価格競争が激化し、生産量や出荷量が同じでも売り上げが減る状態に入っていったのです。

一本足打法のリスクを痛感

不況の風が徐々に強くなっていました。「このまま売り上げが減っていったらどうなるのだろうか」と考え、バターピーナッツだけを商品として経営していくことの危険性を感じました。主力であり、唯一と言ってもよい商品が売れなくなるということは、企業の基礎体力が落ちるということです。体力が弱っているところに突発的な不況が襲ってくれば、一気に経営は傾きます。

私が今、身近で世話になっている百貨店業界は、国内の低価格志向やＥＣに向かう中でインバウンド需要などに重きをおきながら商いをシフトしていきました。しかしコロナ禍に見舞われ、インバウンド需要が減少するという事態に直面しました。そこで百貨店業界は原点に立ち戻るかのように、出店メーカーと一層手を携えながら難局を乗り越えようとしています。

もう一つとてもお世話になっている銀行業界でも、時代の変化に応じた対応は行われています。我が社の浮き沈みに親身に取り組んでくれる銀行ですが、かつては金利が事業の柱の時代もありました。しかし低金利・マイナス金利の時代となり、さらにDXによるキャッシュレス決済の普及と、環境は大きく変貌しています。それに伴い、銀行は投資商品やコンサル事業の充実などに加え、かつてないほど顧客目線に立ち、顧客とともに歩む体制へとシフトしています。

これらは大手企業が時代の波を的確に乗り越える能力を持っていることを示しています。

生産規模の面では中小企業は人や資金などのリソースが少ないため、大手企業と比べて一本足打法になりがちです。例えば取引先が一つしかない会社は相手の会社が傾くことによって経営危機に陥ります。メーカーの下請け会社などがこのパターンです。主力商品が一つしかない会社も同様に、その商品が衰退したときに経営危機に陥ります。バターピーナッツ頼みであった当時の私たちの会社はまさしくこのタイプでした。

リソース不足の課題を解決する方法として、常にブームの商品に乗り変えながら短期的に収益をおうこともできます。しかし私たちの場合はそのような事業モデルは不向きです。設備投資の金額が大きく回収するまでの時間がかかるため、細かな転換ができず、スピード感をもってトレンドに合わせるのが難しいのです。また、こだわりを持って世に送り出す商品ですので、経営者の意識の面でも転換も進まず、一層窮地に陥る状況となります。

売り上げが減る一方で人件費は増える

当時、地方の中小企業は、価格競争のほかに、人手不足と消費者ニーズの多様化という向かい風も受けていました。地方の中小企業が人手不足に陥っていく背景としては、都市部と地方、大手と中小企業の格差が広がっていったことが挙げられます。

グローバル化の波で輸出を得意とするメーカーなどが順調に業績を伸ばしていく中で、大企業は本社機能を都市部におくようになり、都市部に仕事と人が集まり始めました。その結果、地方の中小企業の労働力は不足していきました。

人材が見つからず、採用するためには給料を増やさなければなりません。価格競争を生き残るために生産コストを抑えなければならない一方で、人件費や採用費用などのコストが増えるという状態に陥っていったのです。

ニーズが分散して売り上げが伸び悩む

消費者ニーズの多様化は、価格競争と同様に、生活に必要なものがひと通り揃ったことによる結果です。これも中小企業には厳しい変化で、特に中小メーカーは対応に苦労することになりました。国全体が豊かになっていく中で、消費者はまず安さを求めるようになりました。また、企業の努力と価格競争によってある程度の安さが実現されると、次の段階として他と違うもの、自分らしいものといった基準でもの選びをするようになります。大量生産される既製品ではなく、機能、見た目、特徴などの点で、ニーズが分散し、一つひとつのニーズが小さくなっていくわけです。

ニーズの多様化は、簡単にいえば、顧客を一つの塊として捉えるのではなく、細分化して捉えるということです。従来は一つの商品で大勢のお客さんが満足してくれましたが、ニーズが多様化した市場では、複数の商品を作り、複数のタイプのお客さんを満足させなければなりません。

大手企業は、それが可能です。資金や労働力が豊富ですので、新たな商品を作り出し、ラインナップを広げていくことができます。しかし、中小企業はそれができません。商品開発に取り組む余裕がなく、特にメーカーは一つの商品を作るだけでもそれなりの設備投資が必要になるため、多品種小ロットの生産体制を作ることができないからです。

そのため、ニーズの多様化に対応していくには、「これ」という層のニーズに絞り込んで商品を作る必要があります。私の会社の例でいえば、バターピーナッツを好むお客さんだけに絞って商売するということです。当然、バターピーナッツ以外を求めるお客さんは諦めなければならず、その分だけ売り上げは減ります。バターピーナッツを好むお客さんが減っていくリスクもありますし、お客さんを限られた層だけに絞り込むこと自体が賭けです。

実際、80年代まではバターピーナッツがおつまみの定番として認識されていましたが、消費者の好みが多様化し、それに対応するための新たな商品の開発に迫られてもいました。そのような変化も含めて、私が入社した1977年ごろは、市場の嗜好が変わり始めた時期であり、地方の中小メーカーの不況が始まった時期でもあったのです。

事業モデルを変えなければいけない

バターピーナッツだけではいずれ稼げなくなります。経営者は、「今はそれなりの売り上げがある」という点ではなく、「来年はどうなるか分からない」という点に目を向けて、稼ぎがあるうちに次の一手を考えなければなりません。しかし、危機感は十分にあるのですが、次の手が浮かびません。

次期社長として、私はそのことに焦っていましたし、それ以上に、現社長の父は深刻に悩んでいました。その心理をよく表しているのが、父が私の妻に言った一言です。私が今の妻と結婚したのは、北海道に戻ってしばらくしてからのことでした。後から聞いた話ですが、結婚の報告をした際、父は開口一番、妻に「これから仕事がなくなるのに、よく来たなあ」と言ったそうです。半分冗談、半分真剣に心配していたのだと思います。

ちなみに、私は札幌に戻ってからこの時まで、地元の友人に札幌に戻ってきたことを三年間伝えない決心をしていました。「戻ってきた」と伝えれば、歓迎してくれます。飲んだり食べたりしゃべったりする機会が増えます。それはうれしいことなのですが、私は私なりに二代目の自覚が芽生え始めていました。

父の病気は悪化しつつあり、あと何年、現役でいられるか分かりません。倒れたら私が会社の舵取りをすることになります。そのことが気がかりで、日中は現場に出て仕事を覚え、空き時間はバターピーナッツ1本の事業モデルをどう変えるのが良いか頭を悩ませました。

誰にも連絡することなく、父の生き方を吸収しながら必死に仕事と向き合っていたこの数年は、自分の人生の中で最も誇れる期間です。

現地を見て諦めがついた

起死回生の一手が見えない中、バターピーナッツの生産量が減って時間ができたこともあって、私は「中国に行ってみよう」と思い立ちました。百聞は一見に如かずといいます。果たして起死回生があり得るのか分かりませんでしたが、バターピーナッツ事業を苦しめている「敵」がどういう事業をしているのか見ることにより、何か打開策が浮かぶのではないかと考えたのです。

目指したのは、落花生の一大産地で、バターピーナッツの生産拠点にもなりつつあった山東省です。設備会社の紹介を通じて現地で工場を見学させてもらうことになりました。

結論から言うと、工場を見た瞬間に「これは勝てない」と感じました。私の会社は当時20名規模の中小企業で、工場の生産体制は、最大でも日産5トンです。一方、現地で見た工場は規模も生産量も桁違いでした。工場の向こうの端がかすんで見えるほど遠く、何台もの機械と百人を超える数の従業員が忙しく働いています。さらに、同規模の工場地帯が地域にはいくつもあります。力の差は歴然としていましたし、勝負にならないことがひと目で分かりました。撤退しかない。早く次の事業を考えださないといけない。現地を見て、私はそう思いました。体験は大事です。現場の工場を見ていなければ、勝てるはずがない勝負を続け、経営がさらに悪化していたと思います。

些細なことの積み重ねが大事

予定では、その他の工場も見学することになっていましたが、私はもう工場見学する意欲もなくなり、残りの旅程は近くを観光することにしました。調べてみると、バスで2時間ほど行ったところに孔子の生誕の地があります。

「せっかくだし、時間もあるし、何か学ぶことがあるかもしれない」

そんな思いで、世界遺産にも登録されている曲阜《きょくふ》という町を訪れることにしたのです。曲阜の町には、孔子の大きな石像、孔廟と呼ばれる祭殿、孔子の墓などがあり、孔子一色でした。そこで、ある言葉を目にします。

鄙事多能《ひじたのう》——鄙は、辺鄙《へんぴ》の鄙で、都市部から離れた田舎という意味があり、下品、洗練されていない、いやしいという意味もある漢字です。それが多能に通じると示しているのが鄙事多能で、孔子が自分のことをいった言葉なのだそうです。鄙事多能は、『論語』子《し》罕《かん》第九に出てきます。その内容は、次のようなものです。

若いころの私は、身分が低く、貧しかったため、些細でつまらないことでも何でもいろいろやりました。だから、いろいろなことができるようになりました。君子は多芸多能である必要はありません。誰にでもできる些細なことを、きちんとやることによって器用になるのです。

私はこの言葉に非常に衝撃を受けました。この時まで私は「経営者たるもの」「二代目として」「会社の成長のため」などと大上段に構えて、起死回生の一発逆転ホームランを打ってやろうと意気込んでいました。しかし、よく考えてみれば、特別なことができる人間ではありませんし、特段優れた能力もありません。ただの豆屋のせがれがやることは、ホームランを狙って大振りすることではなく、目の前の仕事を丁寧に、きちんとやることだと気がつきました。

技術を高め、工場をきれいにすること、従業員たちの考えをよく聞き、収支を細かく確認すること。それらにきちんと取り組んでいくと、ふとしたタイミングで事業のタネが見つかります。そのタネを丁寧に育てていくことが大事なのだと、この言葉を通じて気がついたのです。それと同時に敵地に乗り込む大切さも学びました。

次の主力になりうる商品を模索

バターピーナッツの売り上げは、その後も減っていきました。安価な中国製バターピーナッツの勢いは止まらず、シェアを着実に伸ばしています。その状況を見ながら、私は起死回生の一手を練るのをやめました。バターピーナッツの売り上げが完全になくなることを前提に、別の手を考えるようになったのです。

そこで取り組んだのが、バターピーナッツに代わる新たな豆菓子を作り出すことです。豆菓子作りの設備を入れ替えることはできません。そこで、既存の設備を使いながら、ピーナッツ以外の材料で新たな商品を作り出そうと模索し始めたのです。気がつけば自分の足元には父が取り扱い始めたカシューナッツがありました。

おつまみ市場では、少しずつピーナッツ以外のナッツ類が注目されるようになっていました。特に人気があったのがアーモンドですが、カシューナッツもおつまみやおやつとして認知されつつありました。

ちなみに、厳密にいえばピーナッツは、ナッツという言葉が入っているようにナッツの仲間です。木の実であるナッツ類には、ほかにカシューナッツ、マカダミアナッツ、ヘーゼルナッツ、アーモンド、クルミ、ピスタチオなどがあります。ピーナッツとカシューナッツは、種類は違いますが大きさや食感が似ています。炒ったり味付けしたりする釜もそのまま使えますし、味付けの工程もほとんど変わりません。そこに目をつけて、私たちはカシューナッツの菓子作りを考えたわけです。

新商品開発の2つの課題

方向性は見えましたが、問題が2つありました。

一つは、仕入れです。ピーナッツとカシューナッツはどちらもおつまみに使う原材料ですが、ピーナッツは豆、カシューナッツはナッツであるため、仕入れが異なります。豆菓子業界でも、ピーナッツを使う会社とカシューナッツなどを使う会社は全く別で、所属する協会も別だったのです。

そのため、まずは新規の仕入れ先探しです。商売は信用に基づきますので、一朝一夕で取引はスタートしません。前金を支払いながら実績を作り信用を作るのですが時間がかかり、これはバターピーナッツの売り上げが減っていく中でもどかしく感じました。

2つ目は、技術的な課題です。

ピーナッツと違い、カシューナッツは半月状に曲がっています。そのため、ピーナッツと比べると釜の中で転がすのが難しく、味付けのためのコーティングが難しいのです。これは大阪時代にも経験がありました。カシューナッツを蜜などでコーティングすると、うまく転がらずにナッツ同士がくっついてしまうのです。ちなみにこの状態になったナッツは「アベック」と呼びます。

このような課題を念頭において、カシューナッツの商品開発がスタートしました。工場長、副工場長と3人で、機械の前で悪戦苦闘する日々が続きました。肩書きとしては、私は未来の二代目社長ですが、豆菓子の知識では彼らの足元にも及ばず、ただの若造に過ぎませんでした。彼らの発想、知見、技術を力にして、カシューナッツの加工方法を工夫する日々が続きました。私もなんとか力になろうと、大阪時代に学んだメモを紐解き、機械の調整や炒り方のアイデアを捻り出しました。

小さな挑戦が大きなプロジェクトに

実はこの時、私が全く目を向けていない大きな問題がもう一つありました。それは本州のメーカーが北海道に進出してくる可能性です。私を含め、当時の北海道の菓子メーカーは、基本的には本州メーカーの動向を気にしていませんでした。気にしていないというよりは、気にする必要がなかったといったほうが正確かもしれません。というのも、本州と北海道は物理的に離れていて、商品を運ぶためのコストや時間がかかるため、本州のメーカーが北海道の市場に進出してくるケースがほとんどなかったのです。

これは逆も然りで、私を含む道内の同業他社が、本州の市場に手を伸ばすこともほとんどありませんでした。つまり、物流にかかるコストがお互いにとっての参入障壁となっていたわけです。

しかし、今になって考えれば当たり前のことなのですが、物流網は改善されていくものです。本州にはすでにカシューナッツの菓子を作っているメーカーがいますから、北海道に拠点を持ち、菓子作りをスタートする可能性も十分にあります。そう考えると、カシューナッツ菓子を完成させ、北海道市場でシェアを取ることができたとしても、その優位性は時限的です。

私はこの時、美味しいカシューナッツをどうやって作るか、という点にばかり注目していましたが、本当ならこのタイミングでさらに先を見据え「本州メーカーが進出してきたらどうするか」「本州メーカー相手に戦えるだろうか」といったことを考えなければならなかったのです。

この問題を見逃したことが、のちに事業を根幹から揺るがすことになります。本州メーカーの美味しくて洗練された菓子が北海道市場で大量に売られるようになり、本州メーカーとは違う路線、違うアプローチを模索することで、事業モデルを根幹から変えることになるのです。新たな脅威のタネが育ちつつあったにもかかわらず、私は時流を読み切れず、カシューナッツ作りに没頭していました。とはいえこれは仕事としてはやりがいがあり、とても楽しく、バターピーナッツの売り上げ減少分を埋めるという目先の課題を解決することにもつながっていきました。

カシューナッツの菓子作りはバターピーナッツ用の機械を流用します。ただ、うまく味付けするためには部分的に機械を改修する必要がありました。この分野は私の仕事です。設計を考え、足りない備品を注文し、回転数が足りない機械はギアを取り換えました。ついでに作業効率も良くしようと思い、作業台を低くしたり、明るさが足りない場所の電球をワット数が大きいものに取り替えたりといったことも行いました。

そのようなことに取り組んでいると、周りの従業員も徐々に興味を持ち始めます。バターピーナッツ作り一辺倒で、しかも、生産量が徐々に減っていく不安の中で、一筋の光が見えるような変化や刺激が求められていたのです。３人でスタートした新菓子開発のプロジェクトは、５人になり、10人になり、そして人が増えるほど知恵やアイデアも増えていきました。

従業員たちのアイデアを試し、課題を整理し、問題点を共有していくと、ぼんやりとですが完成品もイメージできるようになりました。失敗を繰り返しつつ、糖度や粉の配合を変えて試行錯誤していく中で、私は完成品に近づいている実感を得ました。知恵や技術を持ち寄って良いものを作る、ものづくりの楽しさも実感しました。

そして１９８１年、イメージ通りのカシューナッツ菓子が完成しました。これがのちに私の会社のロングセラーとなる焼カシューにつながっていきます。カシューナッツを「アベック」にすることなくコーティングする独自の技術を完成させ、当社にとっての新たな商品、豆業界にとっては味付けカシューナッツという新たなジャンルを作り出すことができたのです。

付き合う人が変わると目線も変わる

ピーナッツからカシューナッツへ軸足を移すことのほかに、私には別の課題がありました。それは、次期経営者として経営を学ばなければならないという課題です。

現場のことは少しずつ学びつつありましたし、カシューナッツの取り組みを通じて現場とのコミュニケーションも取れるようになってきました。しかし、それは目の前の課題をどうするかという話に過ぎません。少し先を見据えると「これから会社はどこへ向かうのか」「どこを目指し、何を実現するのか」といったことを決めなければなりません。それが私の役割なのですが、戦略はなく、戦略化できそうな案もなく、そもそも経営について学ぶ機会もなかったのです。

そこで私は地域の青年会議所に加わることにしました。青年会議所は、20歳から40歳までの経営者や次期経営者などの有志が加入できる団体で、業種の壁を超えた交流によって知識と意識を高め、未来のリーダーとして必要な素養を身につける場です。メンバーには私のような二代目も多く、視野を広げ、視座を高めるために絶好の場になるだろうと思いました。

会議所での活動は学びであり交流ですので、業務とは直接的には関係しません。青年会議所の活動を頑張ってもすぐに売り上げが伸びるわけではないのです。むしろ、会議所での活動に時間や労力を使うことで、現場の業務に携わる時間は減ります。

事業の足元がおぼつかない中で、勉強していて良いのだろうか。現場を離れる時間が増えて、業績がさらに悪化するのではないか。そのような不安はありましたが、それでも私は入会を決めました。現場のことは、工場長をはじめとする現場の従業員が分かっていますし、私が現場に張り付いてもできることは限られています。それなら、私は私にしかできないことを考え、私にしか果たせない役割に集中したほうが良いと考えました。

父の病気のことを考えると、のんびり構えている時間はありません。二代目経営者として会社の未来を作り出していくために、独り立ちに向けた助走をすぐにでも始めなければならないと思ったのです。

こうして1981年、32歳だった私は札幌青年会議所に入会しました。これには大きな収穫がありました。会議所のメンバーは皆、未来に目線を向けています。今風に言えば「意識が高い人」ばかりでした。私より年下のメンバーもたくさんいましたが、どういう社会を作りたいか、地域のどのような課題を解決できるかといったことを真剣に考えています。彼らと接して、私は「自分たちの力で社会を変える」という彼らの意欲とエネルギーに圧倒されました。

自分が20代のころを思い出すと、東京の商社でそれなりに一生懸命働いていましたが、社会課題や地域貢献のことなど考えたことはありませんでした。当時は土曜日もお昼ごろまで働く「半ドン」が一般的で、15時くらいになると同僚と居酒屋に行き、日本酒を飲みながら愚痴などをこぼしていた時もありました。それはそれで、束の間の息抜きとしては楽しい時間だったのですが、会議所のメンバーとは目線も意識も大きく違っていたなと反省しました。どんな意識を持つかによって行動は変わるものです。誰と付き合うかによって意識も変わります。国内はむろん海外の人々との交流について話を聞いたり、社会システムについて議論を交わしたりするなど、実に多くの体験ができました。

同年代や若い世代で、リーダーとなるための努力を積み重ねている人がいることを知り、私は焦りを感じました。同時に、彼らとの交流から学び、二代目として出遅れている分を少しでも早く取り戻そうという意欲も高まったのです。

窮地を救った突然の提案

会社では、新商品の焼カシューができたことが大きな成果でした。しかし、世の中のニーズに完全にマッチしていたかというと、そうではありませんでした。すすきのの飲食店では、相変わらず安くて気軽に食べられるおつまみが求められていました。

バターピーナッツと焼カシューの1キロあたりの価格は、バターピーナッツが５００円、焼カシューが１０００円以上です。そのため、焼カシューの味を評価し、独創性や新しさを面白がってくれるお客さんもいたのですが、注文はなかなか増えず、売り上げ面でもバターピーナッツの足元にも及ばない状況が続いたのです。

思わぬ出会いに恵まれたのは、このような苦境に立たされている時でした。札幌菓子製造組合の仲間で、父と交流が深かった橋本製菓の社長から「タマゴボーロの事業を継承しないか」と打診を受けたのです。

ボーロは、もともとはポルトガルから伝わった菓子です。ケーキや菓子という意味のカスティーリャ・ボーロが正式名称で、九州から全国に広がっていく過程で名前が上下に分かれ、カスティーリャはカステラとして、ボーロはタマゴボーロや衛生ボーロとして認知されていきました。北海道では、札幌の橋本製菓が道内唯一のボーロのメーカーで、道産の馬鈴薯（じゃがいも）でんぷんを100％使用した「ハシモトのタマゴボーロ」は、添加物を一切使わない、子どもに人気の菓子の一つでした。橋本製菓は大正時代から菓子作りを続けている会社です。その会社が廃業することになり、タマゴボーロの製造を引き継いでほしいと声が掛かったのです。

話を受けた父は、病気の状況から自分で製造現場を取り仕切ることは難しいと考えて、この話の判断を私に任せました。経営者として初めて、私は会社の未来に関わる大きな判断を任されることになったのです。

経営者として初めての意思決定

私の会社の状況を考えれば、バターピーナッツは苦戦していましたし、焼カシューも伸び悩んでいます。次の一手に困っている中で、タマゴボーロの継承は願ってもいなかったチャンスでした。売り上げは、当社が5億円ほど、ハシモトのタマゴボーロは3000万円ほどで、金額的には大きくありませんが、人気商品を継承できるのは魅力的でした。

ただ、やはり課題がありました。タマゴボーロと豆菓子は原材料が違い、製造方法も異なります。そのため、タマゴボーロを継承するのであれば、新たに生産拠点を構える必要があり、そのための資金も必要だったのです。

また、私の会社は豆やナッツの加工技術はありますが、タマゴボーロの原材料である馬鈴薯を使うノウハウはありません。事業としてきちんと確立させるためには、社内でタマゴボーロの生産技術を学び、定着させる必要がありました。

一方で、私はこの時、会社の方向性を定めるヒントをつかみかけていました。一つ目のヒントは、北海道産の原材料を使う菓子作りです。

当時の私は、ピーナッツにしても焼カシューにしても、商品の売り先のことばかり考えていました。消費者の市場を見て、どうやって売るか、何が売れるか、いくらなら売れるのかといったことを考えながら試行錯誤していました。

しかし、サプライチェーンの川上に目を向けると、北海道には農産物が豊富という長所があります。ピーナッツやカシューナッツのような外国産の原材料と比べると、安定して、かつ素早く仕入れることができますし、多少は天候の影響を受けるとしても、為替相場の変動によって収益が増減するリスクもありません。

その違いに気がついて、私は外国産の原材料を使うリスクを理解しました。同時に、北海道に根ざした企業であることの価値を認識し、道内企業であることが強みになると思ったのです。

2つ目のヒントは、ブランドを持つことです。私の会社の商品は飲食店や問屋向けに売りますので、実際にバターピーナッツや焼カシューを口にする最終消費者は、私たちが作っていることを知りません。一方、ハシモトのタマゴボーロは、橋本製菓が作っていることが分かります。商品そのものに知名度があり、商品が会社の認知度も高めています。

その違いに目を向けて、私はブランド商品を扱うことに興味を持ちました。ぼんやりとですが、「いつか社名を出すブランド商品を作れるかもしれない」と思い、この機会を生かして、ブランド商品の作り方や売り方を学びたいと考えたのです。

このような考えから、私はハシモトのタマゴボーロを、そっくりそのまま継承しようと決めました。機械と製法だけを継承するのではなく、ハシモトのタマゴボーロという商品名も、かわいらしいデザインのパッケージも、全てそのまま引き継ごうと決めたのです。

これが私が経営者として初めて行った意思決定でした。父は私の考えを尊重し、事業引き継ぎの資金を決裁してくれました。この資金を使って、豆菓子工場の隣接地を購入し、タマゴボーロ工場を建てました。現在は企業の合併やＭ＆Ａが日常茶飯事の時代ですが、経営者としてひよっこだった私にとって、この承継は大きな決断であり、大きな出来事でした。

事業を受け継ぐことに勝算があったわけではありません。しかし、結果として、タマゴボーロは私の会社の主力のロングセラーの一つとなり、収益基盤を支えていくものとなりました。

取引先とお客さんの信頼を作る

タマゴボーロの継承を決めたことで、私は次期経営者として少し自信がつきました。一つ任務を終えたことで、二代目のプレッシャーから解放された気になった、といったほうが正確かもしれません。

バターピーナッツ事業はいずれ諦めることになるでしょうが、その代わりに、焼カシューとタマゴボーロという新たな武器が手に入りました。これらをどう扱い、どう組み合わせれば会社を成長させられるのかは見えませんでしたが、武器が増えたことによって「危機が来てもなんとかなるのではないか」と楽観的に思えるようになりました。

そんな中、鋭い感覚と行動力で会社を率いてきた父が他界します。1984年、父70歳、私が36歳の時でしたが、喪失感に苛まれる暇はありませんでした。二代目となった私にはこれからの会社を引っ張っていく使命があります。

日常が大きく変わりました。やることが増え、決めることが増えます。経営の意思決定だけでなく、現場である工場も大事にしたかったため、余計にやることが山積みになっていきました。

この当時、私は営業にも奔走していました。その中で、ある変化に気がつきます。それは、飲食店や問屋向けに納品していた商品が、他のメーカーの商品に切り替えられるケースが増えるという変化でした。理由は分かりません。ミスをしたわけでもなく、味も価格も従来通りです。この時に私が考えた結論は「経営者が変わったから」ということでした。

中小企業は、良くも悪くも社長が大きな影響力を持ちます。取引先との信頼を築くのも経営者ですし、販路を拡大するのも、品質や価格を管理するのも経営者です。当時のお客さんは、先代である父が築いたお客さんでした。その父が他界したことで、お客さんとの結びつきが弱まったのだろうと考えたのです。

そう考えると、私の責任は重大でした。新たなお客さんを開拓する必要がありますし、既存のお客さんに継続して取引してもらえるように、品質を維持し、価格を管理する必要もありました。特に重視したのは品質です。食の品質は消費者の安心と安全に関わる重要なポイントだからです。

工場を見渡してみると、品質管理の専門部隊はありません。そこに課題意識を持った私は、以降、品質管理に重点をおく経営へとシフトしてゆくことになったのです。

［第2章］

旧態依然をぶった斬る！時代に沿わない設備や取引先とは決別しろ

焦りが生んだ2つの失敗

社長になり、毎日が目まぐるしく過ぎていきました。朝夕は豆菓子とタマゴボーロの工場に足を運び、現場の様子を確認しつつ、品質管理の策を練ります。日中は取引先を回って営業を行い、定時になったら自宅で今後の経営戦略を練ります。依然として青年会議所の集まりで出かける日々もありました。

中小企業は経営者があらゆる意思決定をします。業績を伸ばし、利益を増やしていかなければなりませんし、判断を誤れば会社の未来が閉ざされる可能性があります。そのようなプレッシャーから逃れるために、あえて用事を増やし、忙しくしていたのかもしれません。これが失敗を生む原因になりました。

忙しくなるほど一つひとつの判断について深く考察できなくなります。プレッシャーと焦りが判断力を鈍らせます。結果、私は立て続けに2つの失敗をします。一つ目は、新商品開発で、２つ目は、自社ショップの出店でです。

新商品開発を考えたのは、経営者になってすぐのことです。理由は、バターピーナッツの低価格化により、売り上げの減少に歯止めがかからなかったためです。バターピーナッツのほか、焼カシューとタマゴボーロという商品がありますが、これらもいまいち伸びません。

「武器は多いほうがいい」「種まきしておけば、いずれ実がなる可能性がある」

そう考え、私は第４、第５の矢を作ろうと考えたのです。まず検討したのはチョコレート菓子の開発です。手持ちの豆菓子作りのノウハウを生かして、アーモンドチョコレートのようなヒット商品が作れるのではないかと考えました。

チョコレートは菓子の王様です。子どもたちが最も喜ぶ菓子ですし、菓子メーカーにとってもチョコ菓子のヒット商品を持つことは大きな憧れで、「いつかチョコ菓子を作りたい」という話は、父が存命の時からありました。

着手のタイミングとしては決して悪くありません。当時、バターピーナッツの注文が減っていたため、工場の労力に多少の余裕がありました。チョコ菓子の生産には新たな設備が必要ですが、バターピーナッツが完全に売れなくなってからでは投資できません。取り掛かるなら今しかない、そう決めて、さっそく機械を発注しました。

それから数カ月かけて開発に取り組みましたが、当然ながら簡単ではありません。豆菓子もチョコ菓子も大きな分類としては菓子ですが、作り方は全く異なります。

ノウハウを貯めるだけでも時間がかかりますが、試作品をいろいろと作ってみたら、どれもある程度消費者に受けるような商品にはなりました。しかし出来上がった製品の保管や配送には低温管理が必要でした。温度帯の異なる商品は社員の管理負担が大きく間違いが起きそうでした。さらに多くの菓子メーカーが憧れるチョコ菓子の世界は、競合がたくさんいます。ヒット商品を作るためには、この激戦区を勝ち残らなければなりません。

開発に取り掛かっていく中で、本州のチョコ菓子メーカーが強い理由が分かりました。大手メーカーは、経験豊富な職人の知恵と多額の開発費を持っています。地方の中小企業とは体力差が歴然で、憧れだけで参入できる分野ではなかったのです。要するに失敗でした。

結局、チョコ菓子の開発は早々に諦めて、設備はほとんど処分しました。一部の機械だけは残し、それはチョコのコーティングで使うとともに、この時の失敗の戒めにもなっています。

売り先を想定した計画が必要

チョコ菓子とほぼ並行して、例えば甘納豆にも取り掛かってみました。甘納豆は豆菓子ですので、チョコ菓子と違ってノウハウがあります。追加の設備もほとんどいりませんし、工程もそれほど難しくありません。

試作品はすぐにできました。味も食感も上々です。しかし、一つ問題がありました。それは、現在扱う豆菓子と違って日持ちしないため、作り置きができないことです。実はここでも同じ間違いを再び起こします。

生産効率を考えると、バターピーナッツのように大量に作ってストックしておき、注文が入った時に売るのが理想です。しかし、甘納豆はそれができません。注文先も数が少ないため、注文を受けた時に少量だけ作らなければならず、非常に効率が悪いのです。注文数が増えれば、一度に大量に作れるようになります。しかし、チョコ菓子のように万人受けする商品ではありませんので、その可能性は見込めません。道外まで販路を広げれば注文数が増えますが、日持ちしないため遠くへは運べませんし、そもそも道外の販路を開拓する営業力がありません。

結局、これも失敗に終わりました。温度帯の異なる商品は管理が難しく社員に負担がかかるのです。チョコ菓子のようなメジャーな商品は難しく、かといって甘納豆のようにニッチ過ぎる商品も難しく、新商品開発の難しさを痛感しました。言い換えれば、バターピーナッツは市場規模も競合やニーズの環境も極めて良い商品だったということです。この失敗を経て、私は改めてバターピーナッツに目をつけた父を尊敬しました。

ものづくりは「何を作るか」だけ考えていても事業になりません。誰に、どうやって売るかまできちんと設計しなければならないのです。この時の経験が現在まで豆を愛し、進化する豆商品創りにまい進させることにつながったと思います。

消費者の声を聞く場がほしい

2つ目の失敗は、1988年に作った自社ショップ「ショップめんこい」です。チョコ菓子と同様に、自社ショップを持つことも菓子メーカーの憧れです。自社の自信ある商品を、自分たちの店で、自社ブランドとして売り出すことができたらどれだけ幸せかと考えて、当社初となる小売店を札幌駅の近くに新たにオープンした商業施設に開いたのです。
憧れや願望といった感情的な理由だけでなく、自社ショップを持つ論理的な理由もありました。私たちは飲食店や問屋向けに売るＢtoＢ事業です。例えば、問屋から「バターピーナッツを何キロ」という注文を受けて、注文通りに作り、納品します。事業としてはそこで完結しますので、商品を納めた後はその商品が、どこで、どんなふうに流通しているのかは分かりません。社名が表に出ることもなく、消費者の感想も分かりません。この状況を変えたいと考えました。

消費者との距離を縮めれば、感想をもらうことができます。「味が薄い」「味のバリエーションが欲しい」といった改善点や「小サイズのものが欲しい」といったニーズが獲得できます。消費者の声に耳を傾け、ニーズを満たす商品を作ることは、今後の成長につながるはずです。そのためには消費者と接点を持つことができる物理的な場が必要でした。そう考えて、自社ショップを出店し、小売り事業をスタートすることにしたのです。

しかし、失敗に終わりました。消費者の声を聞き、その声を商品の改善や開発に生かすためには、店にお客さんが来てくれることが大前提です。しかし、私の会社にはお客さんを呼ぶだけの力ある商品が揃っていませんでした。また、店舗運営のノウハウもなく、直営店といってもそもそも会社の知名度がない状態だったため、肝心のお客さんを店に呼び込むことができなかったのです。

安易な挑戦でリソースが分散する

経営者として打った手がことごとく失敗し、私は落ち込みました。一方で、学びもありました。それは、手を広げることが正しいとは限らないということです。

私はこの時に、安易に新しいことに手を出してはいけないことの大事さを身をもって理解したのです。中小企業は、ヒト、もの、カネといったリソースが不足しているところが大きな弱点です。この弱点を克服するためには、限られたリソースを集中し、効率よくものづくりすることが大事です。私が取り組んだ新商品開発と小売事業への進出は、まったく逆の取り組みです。新商品開発を掲げることで、本来であれば集中しなければならない工場の労働力が分散しました。小売り事業も同様、ヒトとカネを分散させることになりました。

挑戦することは大事です。しかし、リソースに限界がある以上、挑戦するよりも前に、何に挑戦するか、その結果としてリソースがどうなるかをきちんと吟味しなければならなかったのです。

主力の商品や事業が一つだけでは危険ですが、多ければ良いというわけでもありません。商品構成の面では、バタ一ピーナッツ、焼カシュー、タマゴボーロという3つくらいがちょうどよく、4つ目、5つ目の商品は不要でした。商品の横展開より深堀する大切さを学びました。事業についても、この時点ではまだ、小売り事業に手を出すより、生産体制を固め、生産効率を高めることを優先するのが正解だったのです。

主力事業の衰退と撤退

新商品はできず、新規事業も立ち上がらず、焼カシューとタマゴボーロの売り上げも伸びません。そんな中、バターピーナッツの売り上げ低迷がいよいよ深刻化します。着々とシェアを伸ばしていた中国製のバターピーナッツが、90年代に入り、急速に市場に普及するようになったのです。

中国製バターピーナッツの強みは、圧倒的な安さです。この時すでに、私の会社のバターピーナッツが1キロあたり600円ほどであるのに対して、中国製バターピーナッツは200円台になっていました。3分の1の価格では太刀打ちできません。飲食店も問屋も、味がそこまで変わらず、価格が3分の1なら中国製バターピーナッツを選ぶはずです。

こうなった以上、選択肢は一つです。完全撤退を見据えたバターピーナッツ事業の大幅な縮小です。圧倒的な差がついたことにより、私の会社には、バターピーナッツ事業を諦め、別の市場で、別の商品を武器にして戦っていく道しか残されていなかったのです。価格をさらに下げて中国製バターピーナッツと勝負を続けるという選択肢は現実的ではありませんでした。

価格競争は体力勝負です。中国の大規模な生産体制を見た経験を踏まえると、世界の工場として頭角を現し始めた中国と、北海道の中小企業では勝負になりません。また、価格を下げるには、仕入れ先、取引先、生産工程などをゼロから見直す必要があります。多少の差であれば改善や工夫で対応できますが、価格を3分の1にするためには抜本的な改革が求められます。仮にあらゆることを見直し、価格を3分の1まで落とすことができたと

［図表1］ 落花生の輸入量推移

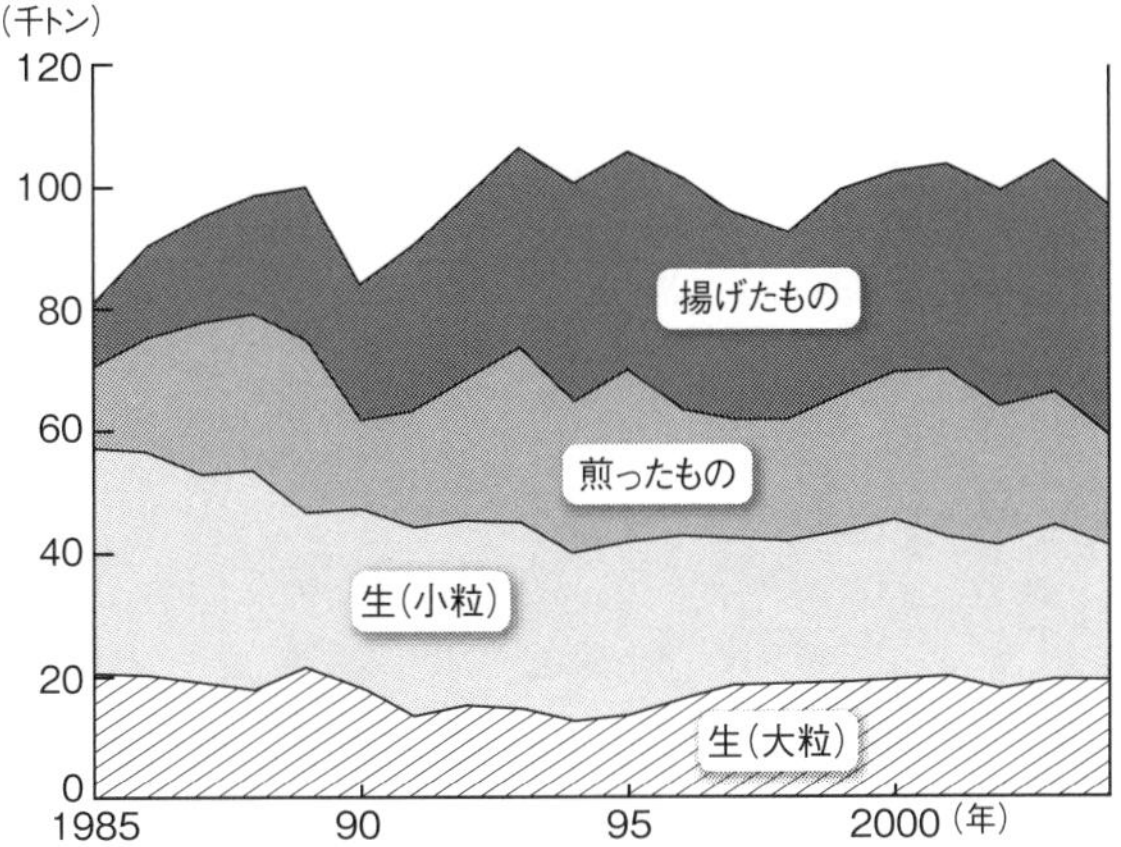

出典：財務省「貿易統計」

しても、中国製バターピーナッツはさらに安くなります。この問題から抜け出さない限り、社の業績は悪化し続けます。儲からない事業にリソースを注ぎ続けることになります。

バターピーナッツ事業の大幅縮小は、ある面から見れば、売り上げを放棄する選択ですが、別の面から見ると、売り上げが減り続ける未来を避けるための選択でもあったのです。

バターピーナッツ事業の衰退は父の存命中から想定していたことですが、いざ撤退という選択肢を目の前にすると、悲しさと不安が膨らみました。

［図表２］　落花生の国内生産量

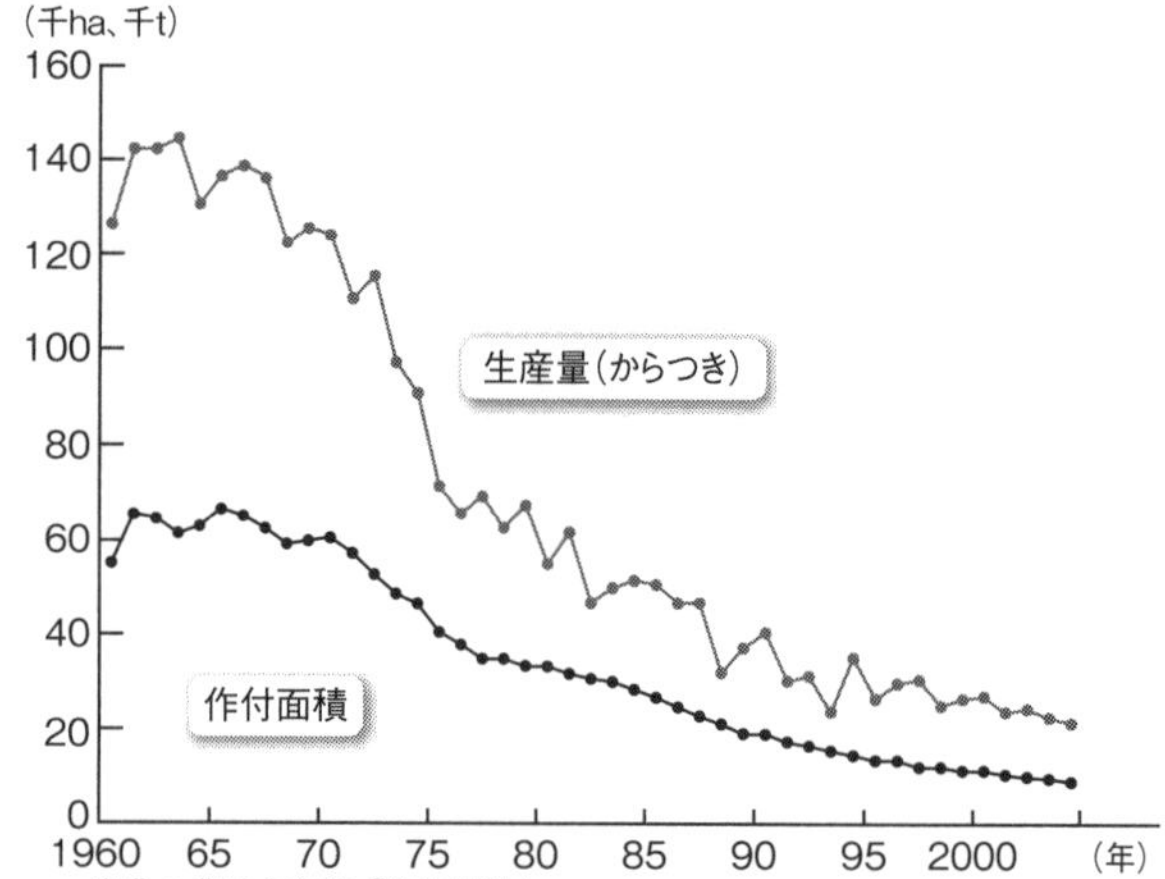

出典：農林水産省「作物統計」

バターピーナッツは、かつて乾物商から生産業に鞍替えすることになった重要な事業です。工場で技術を磨き、営業は取引先を増やし、30年間に及ぶ試行錯誤によってゼロから事業を大きくしてきました。撤退は、この積み重ねを全て放棄するということです。これといった対策ができず、歴史ある事業を易々と奪われたのだと考えると、もう少し何かできたのではないかと自分が情けなく感じました。

しかし、落ち込んでいる場合ではありませんでした。感傷に浸っている暇があるのなら、早く次の手を打たなければ、会社の未来は暗いままです。

［図表3］　落花生の国産価格と輸入価格（単位：円／kg）

	区　分		価　格
国産品	生産費	a	552
	卸売価格（からつき）	b	412
	卸売価格（むきみ）	c	1,009
輸入品	生落花生	d	116
	煎ったもの	e	125
	揚げたもの	f	135
輸入品（関税後）	生落花生（1次）	d+10%	128
	生落花生（2次）	d+617円／kg	733
	煎ったもの	e+21.3%	152
	揚げたもの	f+21.3%	164

出典：日本における落花生の生産と輸入の動向

「やるしかない。決めるなら早いほうがいい」

そう考えて、私は気持ちを入れ替えることにしました。バターピーナッツに頼っていた父の時代の会社から脱皮して、心機一転、第2の出発をしようと決めたのです。

3億円の設備を廃棄処分

工場にはバターピーナッツの生産設備がありました。バターピーナッツが売れていた時代から稼働している古い機械で、成長を支えてきた同志でもあります。経営としてもバターピーナッツは主力商品だったため、機械類への投資が大きく、稼働中の設備には約3億円のお金を注ぎ込んでいました。

バターピーナッツの注文が完全にゼロになったわけではありませんが、注文量を踏まえるなら1台あれば十分です。実際、残りの機械はほとんど使うことがなく、再び活躍する機会も見込めませんでした。

再出発の第一歩は、機械類の処分です。この時、私は機械を捨てなければならないと思いました。機械との決別です。機械を処分し、工場内のスペースを作ります。新たな事業を生み出し、再出発するのであれば、まずは過去を捨て、過去の象徴であるバターピーナッツの機械から離れることから始めなければならないと考えたのです。

私は工場の従業員を集めて、「処分するバターピーナッツの機械類を、きれいに塗装するように」と指示しました。間も無く処分する機械ですが、長年にわたって活躍してくれたわけですから、せめて感謝を込めてお礼に、ペンキを塗り直したら次は、機械の分解です。バターピーナッツの注文が減り、手が空いた従業員とともに、機械を分解して構造を学びました。焼カシューとタマゴボーロも、それほど注文が多いわけではありません。そのため、従業員らも交えて、機械の構造を学び、生産効率を高めるためのアイデアを練りました。分解した機械は、しばらくして鉄のスクラップ業者が引き取っていきました。

「スクラップの代金です」

業者はそう言うと、鉄やアルミの代金として4万２０００円を私に手渡しました。３億円近くかけて作った設備が、４万２０００円です。お金を受け取り、業者を見送ると、自然と涙が溢れてきました。機械とともに今まで積み上げてきた私の会社の活動の、成れの果てのように思えたからです。悔しさと悲しさを感じながら、同じ失敗は繰り返さないと誓いました。こまめに機械を整備して、社の設備を美しく維持できるような、着実な経営をしていこう。そう胸に刻みながら、再出発の決意がさらに固くなりました。

売り上げ半減で赤字転落

機械を処分した後の工場は、清々しいほど広く感じられました。１円も生まなくなった広い空間で、新たに事業を始めなければなりません。カシューナッツが売れて、ここに焼カシューの機械が増えるのか、あるいは、全く新しい商品を作る機械が並ぶのか、先のこ

廃墟と化した工場

とが全くイメージできませんでした。

一方で、従業員たちの間にはそれほど悲壮感はなく、むしろ楽しそうな表情を浮かべて壁や床のペンキ塗りをしています。何しろ、注文が減って時間が余っています。稼働中の機械も順番に塗り直し、機械の塗り直しが終わったら、工場の外壁や屋根なども塗り直しました。

「豆職人ではなくペンキ職人ですね」

従業員の中からはそんな声も聞こえてきます。ペンキ塗り、掃除、倉庫の片付けがひと通り終わったら、処分した機械で学んだことを生かし、稼働中の機械も順番に分解掃除します。

売り上げが減っていく一方、工場は日に日にきれいになっていきました。社長就任時に課題に感じていた品質管理の問題が、工場をきれいに保つという点では着々と解決していったのです。

深刻だったのは売り上げです。私の入社時の売り上げは10億円ほどありました。しかし、バターピーナッツの機械を処分した時、売り上げはすでに半減していました。打開策はありません。再出発を掲げたものの、再出発の計画もありません。

売り先を開拓してみよう、新しい商品を作ろうなどと思うことはありました。しかし、チョコ菓子や自社ショップの失敗経験が頭をよぎり、挑戦することに臆病になっていました。

このころから、私は不眠症になりました。資金がなくなる、従業員の給料が払えなくなる、原材料の支払いができなくなるなど、勝手に不安が膨らんでいきます。なんとか睡魔を呼ぼうと、布団の中で難しそうなビジネス本を読みますが、そこで「利益を出さない企業は悪である」といった一文を見つけ、さらに眠れなくなります。そんな日々を繰り返しながら、結局、バターピーナッツ事業を大幅縮小したこの年、私の会社の業績は赤字となりました。創業以来、初めての赤字でした。

問題は、今期だけに限らず、来期も、その次の期も赤字になる可能性があったことです。中国製のバターピーナッツはさらにシェアを伸ばし、私の会社のバターピーナッツは最終的にはゼロになります。この減少分を補える手立てがない以上、赤字から抜け出すことはできないのです。

社長は常に見られている

「池田さん、元気ないね。何かあったの？」

ある時、地域の経営者の会合で、顔見知りの社長にそう聞かれました。

「ちょっと忙しくしていましてね、寝不足なんです」

とっさに笑ってごまかしましたが、この時、周りの人にも分かるほど、自分が疲れた表情をしていたのだと自覚しました。従業員にも、私が抱えている不安、恐怖、絶望感、失意など、あらゆるネガティブな感情が伝わっているはずです。当初こそ、楽しくペンキ塗りをしていた従業員も、そろそろ飽きてきています。本来の仕事ができない状態を不安に感じ始めている人もいますし、そもそも社長が先行きを不安視している会社で、働き続けたいと思う従業員はいません。そう気がついて、私は気持ちを入れ替えないといけないと思いました。

経営者は見られています。社外にも社内にも影響を与えます。全社一丸となって危機を乗り越えていくために、気持ちを前向きに、言葉も行動も前向きにしなければならないと思ったのです。

赤字解消の打開策は相変わらず浮かびませんでしたが、不眠症については、ちょっとしたきっかけで解決の糸口が見つかりました。工場内の片付けをした日、その作業が慣れない作業だったこともあり、すっかり疲れ切って帰宅しました。すると、その夜はすぐ眠りに入ることができ、明け方、さわやかな朝を迎えることができました。

「こんなにぐっすり寝たのはいつぶりだろう」

そう感動するくらい久しぶりの快眠でした。その勢いに乗って気分良く出社すると、自分でも分かるくらい、いい声で従業員に挨拶でき、自然と楽しく会話することができました。「人間の体は正直だな」と、その時に思いました。解決できない悩みがあっても、体が疲れていれば眠れます。しっかり眠れば気分が良くなり、翌日は心理的にも体力的にも回復するものなのだと、身をもって理解したのです。

　同時に、かつて読んだ本の一文を思い出しました。その本には、狩りに出かける生き物は４足より２足で移動するのが望ましい、ということが書いてありました。両手が自由に使えれば、たくさん獲物を持って帰ることができ、一度の狩りで遠くまで行くことができます。

　そこにヒントを得て、この日から毎日、散歩することにしました。散歩で体が疲れれば、その日はよく眠れるはずです。狩りに出る生き物のように遠くまで歩くことによって、経営再生のヒントが見つかるかもしれません。少なくとも、工場内で悶々と考えるよりは思考も視野も広がります。

　今思えば、おかしな理屈です。しかし、ほかに妙案がなく、時間だけは十分にあった私は、この日から毎日、自宅から札幌の中心部まで、約５キロメートルの道を散歩することにしたのです。

体調不良では健全な経営はできない

散歩はとても効果があり、ぐっすりと眠れるようになりました。実践してみて気づいたのは、そもそも寝不足の状態で戦おうとすることが無謀だということです。

調子が良い会社の社長は、もちろん心配ごとや不安なこともあるでしょうが、しっかり眠っています。眠っているから体調が良く、頭も冴えます。一方、寝不足の社長は頭がぼーっとしています。発想力、判断力、行動力などが一様に鈍っている状態で、体調良く仕事をしている社長を凌ぐ経営などできるはずがないのです。

成果の面でも、散歩は経営再生のアイデアを練る良い機会になりました。この時まで気にしていなかったのですが、工場の近隣には、多くの企業があり、倉庫もあります。住宅、アパート、商店もあります。素敵な庭の家を見つけ、「きれいな庭があると心が和むだろうな」と思いました。素敵な玄関ドアを見て、ドアの良し悪しがお客さんの印象を左右することに気づきました。

また、掃除、挨拶、笑顔の大切さを再認識したのも散歩のおかげです。調子が良さそうな会社は、どこもきれいに掃除しています。出入りしている従業員は元気があり、お互いに声を掛け合っていますし、通りすがりの私に気持ちよく挨拶してくれることもありました。

鄙事多能、バターピーナッツ工場を見に行った中国で、些細なことをきちんとできるかどうかが大事なのだと学んだことを思い出しました。

すでに工場ではペンキ塗りや掃除をしていましたが、きれいにするだけでなく、快適に働ける環境が大切なのです。そのために、掃除をさらに徹底し、挨拶や笑顔も奨励し始めました。掃除も挨拶も笑顔で接することも、今日から簡単にできます。自分と相手の気持ちが良くなりますし、コストもかかりません。

病は気からという言葉があるように、赤字が病だとすれば、それを治すためには気持ちが大事です。そう考えるようになって、私自身、経営課題にちょうど良い危機感と緊張感を持って向き合えるように変わっていったのです。

仕事をこなすのではなく作る

散歩を始めてから、私の気持ちは明るくなりました。すると、気分は周りにも伝播するようで、社内の雰囲気も前向きになっていきました。この変化が赤字脱却に向かう変化につながっていきます。指示通りにペンキを塗ったり掃除をしたりするだけだった従業員の中から、再出発に向けて積極的に取り組みたいと考える人が現れ始めたのです。

「社長、毎日ペンキ塗りばかりでは話になりません。新しい豆菓子を作りましょう」

そう提案してきたのは、バターピーナッツを担当していた工場の従業員でした。

「新商品か……」私は答えに詰まりました。良いアイデアだと思う一方、チョコ菓子の失敗をまだ引きずっていたのです。新商品開発よりも、焼カシューとタマゴボーロに専念したほうが良いのではないかと思いました。リソースを分散すると生産効率が下がることを、過去の失敗から学んでいたからです。しかし、従業員はやる気でした。

「空いている機械があるので、開発に使えます。必要な機械があれば、自分たちで改造して作ることもできます。やらせてください」

そこまで言われたら断れません。

「よし、やってみるか！　挑戦してみよう」

私はそう答えて、提案者である従業員を中心に新商品開発のチームを作りました。この時、バターピーナッツの設備を廃棄する前に感謝を込めてみんなできれいに分解清掃した経験が生きていたことが無性にうれしかったことを記憶しています。無駄なことなどなかったのだと思い、挑戦してみようと決めました。

少しずつですが赤字脱却に向けて動き出したことを感じ、私は「そうか、今がチャンスなのか」と思いました。この時まで、自分たちはピンチに陥っていると思っていました。主力商品がなくなり、売り上げが大幅に減っている状況に頭を抱えていたのです。

しかし、その認識が間違いであると気がつきました。今なら従業員の手も、機械も空いています。「新しい商品を作らなければならない」という危機感と使命感も高まっています。しかも、主力商品も売り上げもすでに失っているので、これ以上失うものもありません。

この状態こそ、新商品開発に取り組む絶好の機会です。経営が順調で、他の豆菓子の生産で忙しかったら、このような状態にはなりませんでした。だから、ピンチではなくチャンスです。事業モデルや商品構成を根本から再構築して、新たに生まれ変わるのであれば、今がそのタイミングであり、動き出す時だと分かったのです。

全員参加で新商品を開発

新商品開発は、工場の新商品開発チームが中心となって取り組みました。しかし、他部署の従業員も味見や味の改善提案に加わっていたため、この取り組みは、全従業員の取り組みでもありました。

事務所の休憩室のテーブルには毎日のように試作品が並びます。営業担当者が食べ、経理や総務の担当者たちも食べ、「もうちょっとこうしたほうがいい」「こんな味にできないか」といった意見を出し合います。チョコ菓子や甘納豆に挑戦していた時とは、雰囲気も意気込みも明らかに違いました。中小企業の場合、ワンマン社長が強引に引っ張っていくほうが、スピード感が出て、うまくいくケースもあります。しかし、ものづくりはワンマンではいけません。従業員それぞれが技術、経験、意見、感想を持ち寄り、集結させることが大事なのです。

新商品開発が着々と進んでいく一方で、私はもう一つ決断します。それは、自社ショップ出店の再挑戦です。前回の失敗から10年という時間を経て、今度こそ消費者と直接接点が持てる場を作り出そうと思ったのです。

前回の時と異なるのは、ショップ展開をすればお客さんが来てくれるという確信があった点です。前回と同じ失敗を繰り返さないように、今回は小売業や店作りのイロハをきちんと学んでいたのです。出店にかかる費用や手間を抑えるために、店舗は工場に隣接して作り、また、あらゆる商品を試食できるようにしました。

菓子メーカーとして、消費者の声を聞き、ニーズを探ることが大事という考えは以前から変わっていません。特に今は、バターピーナッツから離れ、新たな商品を開発しています。最終消費者であるお客さんが、どんな味を好み、どんな反応をするかを見る場として、自社ショップを持つ重要性がより高まっていました。

店舗はやはり重要です。店を訪れるお客さんが、何を試食し、何を買っていくか見ることにより、売れそうな商品と改善が必要な商品がきれいに判別できるようになります。

我々は問屋や飲食店に商品を納入するB to B事業ですので、どうしても問屋や飲食店にウケる商品作りを意識します。売れ行きは価格に影響され、味よりも価格で買われる部分もあるため、原価を抑え、なるべく大量に売れる商品を作ろうとします。事業としては、それも大事です。ただ、その先には、実際に菓子を食べるお客さんがいます。重要なのは、彼らが「美味しい」「また食べたい」と評価してくれる菓子を作ることです。

自社ショップを持ったことで、消費者を見て、消費者に評価される商品を作る姿勢が培われていきました。これがのちに、B to Cの小売り事業をスタートする礎になるのです。

参入障壁が壊れ、本州メーカーが競合に

試行錯誤を重ねながら、どうにか復活の兆しが見えてきました。新商品を作り出すという使命ができ、お客さんの意見が聞ける接点ができたことで、日々の仕事にやりがいが感じられるようになり、社内の雰囲気も活気づいてきました。

売り上げも少しずつ回復し、黒字に戻りました。バターピーナッツを諦めたとき、10億円ほどあった売り上げは最終的に3億円に減りました。しかし、焼カシューが主力商品として順調に育ち、新たに開発した菓子類も、ヒットとまではいかないまでもコツコツと売り上げを生み出し、売り上げは6億円くらいまで回復しました。

全盛期と同程度とまではいきませんが、従業員は日々、忙しくしています。仕事がない

時期に工場を整理したことで、生産効率は以前より良くなっていました。

「このままいけば完全復活も遠くない」

そんなふうに考えていたところに、次の危機がやってきました。本州の大手メーカーによる北海道進出です。

本州メーカーが北海道市場に進出してくる可能性は、私が目を向けていなかっただけで、常に脅威として存在していました。私はこの時もまだ、道内メーカーと本州メーカーの間には物流コストが高いという参入障壁があると思っていました。しかし、2000年前後から物流網が全国に広がるとともに、設備や技術の発達によってコストや時間の問題が解消され始めました。

また、北海道進出に向けた本州メーカーの準備も水面下で着々と進んでいました。納入先が少ないと輸送コストがかかります。そこで本州メーカーは、大手の営業力を駆使して納入先を増やしていきました。大量に輸送できるようになれば、コストが削減できるのです。また、大手の資本力で道内に工場を作るメーカーもありました。現地生産ができるようになれば、地の理による価格競争力や納入までのスピードは道内企業と同等になります。

こうなると参入障壁は一気に崩れます。結果、小売店などでは本州メーカーの商品が急速に増えました。我々が問屋から受ける注文も減っていきました。気づけば「本州だから」「遠いから」といった理由で目を向けていなかった会社が、物流の発達によって急に競合他社になっていたのです。

足元だけ見ていると視野が狭くなる

「経営者は、一歩先を照らし、二歩先を語り、三歩先を見つめるもの」

本田宗一郎さんの右腕として大活躍した藤沢武夫さんが残した言葉です。本州メーカーの急伸を目の当たりにして、私はこの言葉を思い出し、経営者としての未熟さを痛感しました。先を見る経営者であれば、本州メーカーがやがて進出してくることを予想できたはずです。二歩先、三歩先に目を向けていれば、変化の兆しに気づくことができます。潜在的だったリスクを察知し、対策することもできます。

そもそも北海道経済圏によって守られているとはいえ、永遠の安全圏はありません。市場は常にオープンで、常に競争相手が入って来ます。我々はたまたま外部環境に恵まれていただけです。私はそのことを忘れて、参入障壁の中でのんきに、社長として十分に働いているようなつもりになっていたのでした。売り上げが減り、その原因が本州メーカーの進出によるものだと知って、ようやく参入障壁という壁の向こう側の世界を知ることになったのです。事業環境は変わります。変化に応じて、事業モデルも変えなければなりません。それが、この時の学びです。

　この時にもう一つ学んだことがあります。それは、本州メーカーの商品はよくできているということです。例えば、本州メーカーの豆菓子は、包装の袋にジッパーが付いています。このひと工夫があるだけで湿気を防いだり、開封したまま置いておいたり、少しずつ食べたりできます。我々は新商品開発に没頭し、菓子の味や食感には集中していましたが、改善できる点はほかにもたくさんあるのだと気づきました。

　売り上げが減っていることについて、私はそれまで心のどこかで、環境のせいにしていました。自社に原因があるのではなく、中国製バターピーナッツや、本州メーカーのせいだと思っていました。

　しかし、それは間違いだったのです。外部環境の影響もありますが、本質的には、相場の3分の1の価格でバターピーナッツを作る中国企業の努力や、味、見た目、食べやすさなどの点でさまざまな工夫をしている本州メーカーの努力が勝っていたことが理由です。真因は自分たちの力不足です。日々忙しくしていると「一生懸命やっている」「頑張っている」と考えがちですが、目の前のことにばかり集中し、視野が狭くなります。本州メーカーの進出をきっかけに、自社のあり方を問い直すことになりました。

元気がない原因は何なのか

本州メーカーの進出が目覚ましかった2000年、バターピーナッツの生産を大幅に減らした年以来、2度目の赤字を経験することになりました。再び赤字脱却の戦略を練らなければなりません。売り上げが短期間で3分の1になったり半減したりする経営はリスクが大きく、その点でも事業戦略や事業モデルを根本的に見直す必要があります。

また、社内においても、このころから私はある異変を感じるようになりました。それは、従業員たちの元気がないということです。

「赤字のせいか……」

「忙しさのせいか……」

当初はそう考えました。実際、赤字は心理的に重しになりますし、日々の業務も多忙でした。忙しくなった原因は、メーカー向けのOEM（Original Equipment Manufacturerの略で、メーカーのブランドで販売する商品を受託生産する仕事のこと）にあります。このころの売り上げを支えていた数少ない仕事の一つで、技術力と安定的な生産体制を評価され、少しずつですがまとまった量の仕事が入るようになっていました。

メーカー向けのOEM仕事は薄利多売です。しかし、赤字脱却のためには少しでも利益を増やす必要があります。そう考えて、私も営業担当者もたくさん仕事を開拓していました。結果、機械だけでなく、従業員もフル稼働に近い状態となっていました。

この状態が数年続き、売り上げ面では、2005年に7億円まで回復し、再度黒字に戻りました。相変わらず売り上げの増減が大きいことが気がかりでしたが、私はほっと胸を撫で下ろしました。

ただ、赤字から脱却できたあとも、相変わらず従業員の表情には覇気がありません。表情だけを比べるなら、バターピーナッツの仕事がなくなり、工場のペンキ塗りをしていたころのほうが生き生きとしているように見えました。何か原因があるはずです。疲れているのか、やりがいが感じられないのか、仕事がつまらないと感じているのか、理由は分かりませんでしたが、対策を考えなければなりません。

そこで私は、従業員に積極的に話しかけ、声を聞くように心がけました。密かに「どこでも会議室の取り組み」と名付け、社内の廊下でも工場の隅っこでも、あらゆる場所で従業員に話しかけました。ちょっとした雑談が問題解決のヒントになります。

経営者が気がつかないことを、現場が知っているということはよくあるものなのです。

忙しさの中でやりがいが失われていた

原因が分かったのは、「どこでも会議室の取り組み」を始めて1カ月ほど経った時のことでした。工場内で豆職人の担当者と雑談していた時に、こんなことを言われたのです。

「社長、我々が作っている豆菓子って、名前が出ませんよね」

「名前ですか。まあ、そうですね。問屋さんやメーカーさん向けの仕事ですから、我が社の豆菓子であると知っている人はかなり少ないと思います」

「そこって、どうにか変えられませんか」

「変える、とは、どういうことですか」

「実は昨夜、子どもに『お父さんが作っているお菓子はどこに売っているの』と聞かれたのです。子どもは私が菓子作りの仕事をしていることを知っています。毎日忙しく働いていることも、たまに遅く帰るのも仕事があるからだと知っています。しかし、仕事の成果は子どもには見えません。OEMといっても分かるはずもなく、商品名で説明ができれば、私はもちろんうれしいですし、子どももうれしいだろうなと思ったのです」

この話を聞いて、私は衝撃を受けました。この日のこの瞬間まで、私は「仕事がたくさんあればいい」「忙しいことは良いこと」と思っていました。経営者としては、それは間違いではありません。仕事を増やし、売り上げを増やしていくことが経営者に求められる第一の条件であるはずだからです。特に私は、二代目としてのプレッシャーを感じていましたし、経営を引き継いでから2度も赤字を出しているため、仕事が増えているというだけで現状に満足していました。しかし、従業員は満足していません。

ものづくりの仕事は、完成品ができることによって満足感が生まれます。メーカー向けのＯＥＭも立派なものづくりですが、「自分たちが作ったもの」という実感が湧かず、それが従業員のモチベーションを低下させる原因になっていたのです。

何を大切にする会社なのかを問う

この会話を境に、私は会社のあり方について考えるようになりました。あり方は、会社の存在意義や存在している価値のことです。事業の内容や事業モデルといったことではなく、もっと根幹にある命題として、私の会社は何のために存在しているのかを考えるようになったのです。

当社は赤字を脱出し、問屋のなかではよく知られた会社になりました。大手メーカーにも評価され、仕事量が増えています。これも良いことです。しかし、一方で実際に商品を口にする消費者にはほとんど知られていません。ＯＥＭでメーカーに信頼される会社を目指すのであれば問題ではありませんが、ＯＥＭ主体の会社を目指していないのであれば、これは問題と言えます。

我々は何のために存在し、何を大事にする会社なのだろうか。その答えを考えたとき、私は、味、地元、お客さん、そして従業員が全て同等に大事だと思いました。このうちの一つでも欠けてはいけません。現状として、味、地元、お客さんは大事にできていますが、従業員はやりがいを感じていません。忙しさの中に充実感や達成感を感じられず、ただただ疲労感が積もっています。いくら赤字を脱出した結果の姿とはいえ、改善すべきことに間違いありませんでした。

この問題の解決策は一つしか思い浮かびませんでした。自社ブランドを作ることです。従業員が「自分たちはこれを作っている」と自慢でき、かつ、味が良く、地元に貢献でき、お客さんが満足してくれる自社ブランドの商品を作れば、四方全てうまくいきます。その視点で会社の状況を見渡してみると、継続して新商品開発に取り組んできたこともあり、自社ブランドの商品を作り出す力はありそうだと思いました。

解決方法は自社ブランドを作ること

問題は、売り上げへの影響です。人や資金は限られています。すでにＯＥＭで手一杯になりかけていることを考えると、自社ブランド商品に力を入れるなら、ＯＥＭを減らさなければなりません。2度目の赤字からようやく脱却したばかりです。赤字脱却はＯＥＭのおかげですし、脱却以後も売り上げが順調に伸びています。

この成長の道を自ら外れて、自社ブランドの商品開発に舵を切って良いのかどうか考えました。その答えを見つけるために、私は今一度、会社を取り巻く環境について整理することにしました。ＯＥＭはありがたい仕事でした。ＯＥＭをきっかけにして売り上げが増えただけでなく、菓子作りの技術も向上しました。

ただ、経営者目線で見れば良い仕事なのですが、そのせいで社員は忙しくなり、疲れています。つまり、私が求める成果と従業員が求める成果がそもそも合致していないのです。

従業員のことを第一に考えるなら、ＯＥＭを減らすことが正解のように思えます。

うまく自社ブランドの商品を作り出すことができれば、従業員のモチベーションが高まります。やりがいが感じられないまま、ただただ疲れるだけの日々は一刻も早く終わらせて、会社の名前を冠した商品を作ることで充実感を感じてほしいと思いました。そのような毎日のなかでなら、きっと従業員たちは、これまでとは違う「達成感のある疲れ」を感じられると思ったのです。

また、ＯＥＭには課題もありました。それは、注文者であるメーカーによって封入や梱包の指定が異なり、その指示に対応することによって現場作業が複雑化していることです。納品に関しては独自の基本ルールがあります。しかし、ＯＥＭは相手あっての仕事ですので、「このメーカーにはこの方法」「あのメーカーにはあの方法」といった例外ができていきます。一つ二つならまだしも、例外が何個も増えるとルールは機能しません。結果、我が社らしいものづくりを確立できなくなってしまいます。

また、ＯＥＭは下請け仕事ですので、注文者の動向に影響を受けます。中国製品や本州メーカーの商品が増えたとき、問屋経由の注文が激減したことからも、そのリスクの大きさは実感していました。それが下請けの宿命といえばそれまでですし、中小企業は下請けが多く、売り上げ増減のリスクを承知のうえで、注文が来るのを待つ方法も王道です。

しかし、私はその事業モデルを根本的に変えたいと思っていました。注文を待ち、言われた通りに作るやり方を変えない限り、今後も市場や注文者の状況次第で、３度目、４度目の赤字転落が起きると考えたのです。それを避けるには、自立するしかありません。

自社ブランドを作り、自社商品を軸とする経営に切り替えれば、外部要因の影響は小さくできます。そこまで考えて、私は自社ブランドを作る道を選ぼうと決めました。

2度の黒字回復が自信になった

自社ブランド作りに舵を切る決断は、ＯＥＭ仕事をやめるという決断でもありました。変わるなら今しかありません。これ以上ＯＥＭが増えてからやめようとすると、メーカーに断るのが大変になり、迷惑がかかります。会社の規模が大きくなるほど、守らなければならない従業員の数が増え、大胆な決断ができなくなります。

「中途半端はダメだ。3億円の設備を廃棄した時のように、思い切った『決別』が必要だ」

そう考えて、ＯＥＭをきっぱりやめて、我々が持つ技術、人、資金、時間など全てのリソースを、自社ブランド作りに注ぎ込もうと決めたのです。

覚悟を決めたら、気が楽になりました。ＯＥＭを断れば、当然赤字になります。通算3度目の赤字です。ざっと計算してみたところ、ＯＥＭで7億円まで戻っていた売り上げは、再び3億円くらいに減るだろうと予想できました。

重要なのは、赤字になることや、どれくらいの赤字になるかがあらかじめ想定できていることです。想定できていれば対策を考えることができます。例えば、経費を減らしたり、借入などによって手持ちを資金を増やしておいたりといったことができます。

また、過去の２度の赤字を黒字に戻せたという経験も決断できた理由の一つです。２度の赤字は、どちらも黒字に戻せたことが私と従業員たちの自信になっていました。２度あることは３度あるといいます。３億円まで落ち込んでからの復活は次が３回目ですし、３度目の赤字転落があれば、３度目の黒字回復もあるはずです。そう考えることができたため、３度目の赤字は、「なんとかなる」という楽観的な気持ちで、前向きに受け入れることができたのです。

［第3章］

自社ブランドを確立し競合他社に立ち向かえ！地産地消の商材と独自の焙煎技術で新たな商品を創造

中小企業はやりがいの創出が重要

工場ではさっそく自社ブランドの商品作りがスタートしました。ものづくりにおいては、ブランド力の源泉は技術力です。私の会社が誇れる技術はコーティングです。豆菓子類もタマゴボーロもかりんとうも、全てコーティングが必要ですし、コーティング技術があるから成立しています。これをブランド作りの武器として、試作に取り組みました。OEMに投じていたヒト、機械、時間の余裕を生かして、次々と試作品を作ります。

バターピーナッツに代わる商品を作ろうと取り組んだ時と同様、工場だけでなく、営業もオフィスのメンバーも参加して、我が社らしい味と食感を追求しました。この一体感が中小企業の良いところです。試食のメイン会場となった本社の会議室では、従業員がいつも楽しそうに試食していました。その表情を見るだけでも、自社ブランド作りに舵を切って良かったと感じました。従業員たちも、仕事のやりがいを取り戻しつつありました。目先の作業に追われやすい中小企業こそ、やりがいの創出が大事なのだと理解しました。

地元の食材を生かす

社内の活気が戻ったところで、次は売り上げをどうにかしなければなりません。ＯＥＭをやめると決めた時、すでに赤字は覚悟していましたが、赤字と黒字を行ったり来たりする会社では社員も取引先も心配します。外部環境の変化によって多少の売り上げの増減は避けられないとしても、影響を受けにくくするための対策はあるはずです。

売り上げを安定させるにはどうすればよいか、自分たちの強みは何か、売れる商品の条件は何か、参入障壁を作るにはどうすれば良いか、そういったことを考えて、私は地域の材料を使うことに注目しました。北海道の原材料を使い、北海道の味を作り出す、北海道の企業であることを前面に打ち出すことで、これから肩を並べることになる数多の競合他社と差別化できるのではないかと考えたのです。

現状、タマゴボーロは北海道産の馬鈴薯を使用していますが、その他の豆菓子は輸入品の原材料を使っています。カシューナッツやアーモンドなどのナッツ類は基本的に暖かい地方が産地ですので、道内で調達するのは困難です。最近は芽室町で落花生栽培が始まっていますが、当時は北海道産のピーナッツはありませんでした。

しかし、道内にはほかにもさまざまな材料があります。例えば、大豆の生産は47都道府県のうち北海道がトップです。小麦の生産量も圧倒的1位のうえ、砂糖の原料になるビート（甜菜）は北海道だけの特産品で、馬鈴薯などから作るでんぷんもあります。このような環境で菓子作りができることは、メーカーとして大きなアドバンテージです。流通面で本州メーカーを牽制するよりも、圧倒的に価値がある地の利です。これを生かさない手はありません。

「北海道産の材料で新しい菓子を作りましょう」

新商品開発チームにそう呼びかけて、私たちは北海道の企業として独自性を打ち出していくことにしたのです。北海道の人は、他の都府県の人と比べて地域愛が強いと言われます。実際、北海道の豊かな自然を誇りに感じている人は多く、私自身も北海道が好きです。その思いがあるため、北海道の食材を生かすというコンセプトがきれいにマッチしました。

自慢の地域でとれる、自慢の食材を生かし、自慢できる菓子を作るという流れができ、菓子作りの情熱が高まっていくことになったのです。

思いを受け継ぐかりんとう事業

新しい商品群は「創作豆」と名付け、北海道の原材料を生かし、道民に愛される菓子を作ることをコンセプトとしました。自社ブランドの取り組みは着々と進み、商品ラインナップが増えていきました。豆といえば節分、節分といえば鬼ということで、創作豆菓子の商品群は、かわいい鬼のイラストをあしらった「鬼ブランド」としてまとめました。

２００６年に作った雪ボーロもその一つです。これは、タマゴボーロをホワイトチョコレートで包む、コーティング技術を生かしたオリジナル商品で、北海道庁主管の北海道加工食品奨励賞を受賞することになりました。

ホームランは出ませんが、着々とヒットが出ます。北海道の原材料を大事にする地場のメーカーという方向性が明確になり、問屋からは焼カシューや新商品の注文が増え始めました。そして、業績回復に向けて動き始めたこのタイミングで、私の会社はかりんとう事業を引き継ぐことになります。かりんとうを製造していたのは、江別市の浜塚製菓です。

浜塚製菓も、私たちと同様に半世紀以上にわたる歴史があり、先代社長と父は仲良しでした。豆もかりんとうも油で揚げる技術が必要で、使用する釜の形が似ていることもあり、日々の付き合いを通じて課題解決の相談をしたり、技術向上のヒントを考えていたりしました。

お互いの会社が近かったことも交流が深まった理由の一つです。私の会社はもともと札幌駅近くで創業しました。自宅の玄関の土間で作ったバターピーナッツをリアカーに乗せ、すすきのに売りに行っていた時代です。その後、生産規模拡大のために近くに作業場を構えますが、札幌市が発展してきたことから、郊外移転を勧められ、現在の本社工場がある白石に移転することになりました。

当時、札幌の中心部には菓子メーカーがいくつもあり、それらも同様に郊外へ移転しました。私の会社が工場を構えた白石は水がきれいで、美味しい菓子作りに向いていました。そのため白石近隣に移転した同業者も多く、近くにはタマゴボーロの橋本製菓があり、甘納豆のメーカーがあり、豆の卸問屋があり、そしてかりんとうの浜塚製菓もありました。

浜塚製菓の社長と父の仲が良かったこともあり、私も浜塚製菓の二代目と仲良くしていました。しかし、その後、後継者であった息子さんが突然の交通事故で他界してしまいました。そこで先代のころから技術交流があった私たちにかりんとう事業を引き継いでもらえないかと打診が来ることになったのです。

タマゴボーロを継承した時と同じで、商品が増えるのはうれしいことです。かりんとうは小麦粉が主な原料ですので、地域の農家からの仕入れ拡大にもつながります。

ただ、そのような戦略的なことよりも、私にとっては亡くなった息子さんを偲ぶ気持ちが大きく、それが事業を引き継ぐと決めた大きな理由です。併せて、私が引き受けないと廃業すると言われた働く方々を思うと断る理由はありませんでした。事業や会社にかける思いがあり、従業員、取引先、お客さんとともに実現したい夢もあったはずです。これは単なる事業の引き継ぎではありません。友人の思いを受け継ぎ、次の世代に伝える責任です。そのようなことを考えて、私は事業を引き継いだ後も浜塚製菓の名前を残すことにしました。

これで手持ちの武器は、焼カシューを含む豆菓子類、タマゴボーロ、かりんとうの３種類になりました。この時私は所謂「日本の伝統駄菓子」と縁のある環境で生かされていると実感しました。

農家と協業でWin-Winを目指す

会社の方向性が見え始め、業績回復も実感できるようになったところで、私はもう一つ仕掛けました。それは、我々だけで菓子作りに取り組むのではなく、地域の会社なども巻き込みながら、グループとして北海道の豆菓子を盛り上げていくことです。

自社ブランドを持って経営を安定的に成長させるという目標は変わりません。しかし、そのための方法を考えていくうちに、我々の力だけで取り組むより、協力者を増やしたほうが良いと考えるようになったのです。自社ショップを持った経験から、より多くの人から意見を聞く重要性は分かっています。新商品を考える際も、たくさんの意見をもらったほうが美味しい菓子ができる可能性が大きくなります。

また、私たちの事業は菓子業界内の事業であり、北海道という市場内の事業です。美味しい菓子ができたとしても、業界や市場が衰退してしまうと売れるはずのものも売れなくなります。売り上げを安定させるためには、事業の基盤である業界と市場が強固でなければなりません。

特に重視したのが農家とのつながりです。私の会社は菓子メーカーですから、原材料がなければ何もできません。農家と手を組めば、我々は原材料を安定して仕入れることができます。農家は売り上げが増え、Ｗｉｎ－Ｗｉｎの関係が構築できます。

また、地域産の原材料の調達比率を高めれば、輸入の原材料に頼る場合と比べて原材料調達の不安定さを解消できます。為替リスクも抑えられますし、調達先を分散することで原材料の相場変動リスクも抑えやすくなります。

ピーナッツの例を振り返ると、事業が立ち行かなくなった原因は、中国産ピーナッツが国産より安かったことと、現地でバターピーナッツを生産できるようになったことで、価格競争が激化したことにありました。輸入の原材料に頼っている限り、カシューナッツやアーモンドなどでも同じことが再び起きる可能性があります。バターピーナッツと同じ轍を踏まないためにも、地元の原材料を使う菓子作りは戦略として非常に重要です。

そのように考えて、原材料の仕入れ先である農家も、競合の菓子メーカーも、道内や札幌市内の経済活動を支える行政も巻き込み、地域全体で成長できる体制を作ろうと考えたのです。

異業種連携によって地域経済の発展を目指す

地域全体でスクラムを組むために、私は「札幌圏豆くらすたあ」という組織を作りました。「くらすたあ」はクラスターのことです。コロナ禍においては集団感染というネガティブなイメージがついてしまいましたが、産業界では経営学者のマイケル・ポーター氏が考えた産業発展のための政策を指します。具体的には、生産者、加工業者、消費者などさまざまな立場の人や会社が連携し、相乗効果を生む体制作りのことです。私が考えたのは、大豆を扱う会社を結ぶ業界内外の連携と、北海道内の組織という地域内連携を前提とした、大豆のクラスターの形成です。

札幌圏豆くらすたあを組織するにあたって、まずは札幌市役所を訪れました。市役所に事務局の役目を持ってもらい、つながりがある農業組合、卸業者、企業を増やしていく戦略です。

重要なのは、私の会社のような個別の企業が中心となるのではなく、規模が大きい組織に中心的な役割を担ってもらうことです。なぜなら、コネクションが多い企業が中心になることにより、札幌圏豆くらすたあの会員企業が増えやすくなり、活動範囲も広がりやすくなるからです。

また、原材料の供給者となる農家にもヒアリングを行い、Ｗｉｎ-Ｗｉｎの関係を構築していくためのポイントを探りました。

そこで分かったのは、輪作への対応がポイントということです。北海道の農家では、一つの畑で栽培する作物を1年ごとに変えていく輪作を行っています。これは土の栄養バランスを調整し、毎年、安定して生産を続けるための施策で、例えば、十勝地域の多くの農家では、小麦、甜菜、馬鈴薯、豆類の４種類を順番に栽培しています。Ｗｉｎ-Ｗｉｎとなるためには、我々も輪作の順番を踏まえて、その年に多く栽培している食材を中心に商品開発していく必要があります。そうすることで、農家は栽培した作物を安定して提供でき、我々も原材料を安定して仕入れることができます。協力農家が増えれば作物のバリエーションが増えますし、我々のような加工業者が増えればさらに多くの作物を消費できます。

このようなヒアリングと調整を行い、札幌圏豆くらすたあは２０００年に発足しました。

当初は、大豆農家1軒と、大豆の関連業者15社の組織でしたが、その後、農家の軒数は10軒、20軒と増え、会員企業数も20社、30社と増えました。この取り組みによって、北海道の原材料を使う菓子作りが、地域経済の活性化に結びついていくことになります。そして、北海道産食材の普及に貢献した点が評価され、２０１５年に農林水産大臣賞を受賞する大きな取り組みへと育っていくことになったのです。

店舗を構えて直販主体の事業に変わる

自社ブランド作りも、「札幌圏豆くらすたあ」の取り組みも、手応えは十分に感じていました。自社ブランド確立に向けた会社の取り組みとしては、商品ラインナップが増えてきたところで、社内に自社ブランド商品の直販部門を設置し、本社工場の売店展開にも力を入れることにしました。自社ブランドを売っていく以上、そのための組織と拠点を充実させる必要があったためです。

また、タマゴボーロと豆菓子だけでなく、かりんとうも取り入れた自社ブランドとして直売することに決めました。かりんとうのコンセプトも、北海道の小麦を使った地産地消の菓子です。方針を固めると、かりんとうを製造していた浜塚製菓の工場にも自社ブランドパッケージを包装するラインを作り、工場と隣接する直売店も作りました。成長してきた子どもたちから私の誕生日に「こんな店作って」と彼ら手作りの店舗の模型をプレゼントされたことも後押しとなりました（今でも自社ショップの道しるべとして大切に保管しています）。

予想していた通り、お客さんの声は大事ですし、勉強になります。「美味しい」と言って買ってくれるお客さんの反応や数を見ながら、「これならいける」「自社ブランドを持って、直販でファンを増やしていける」と確信しましたし、その確信があったからこそ、私は自社ブランド展開を一気に推進しようと決めることができました。

まずは創作豆の生産体制の強化です。創作豆は自社ブランドのパッケージで包装しますので、包装室と包装機を導入しました。ちなみに、この包装室は創作豆菓子が事業として伸びていく過程で、複数回にわたって拡張していくことになります。

また、お客さんの反応を見ることによって売れ筋商品がだいたい把握できましたので、それらの商品をさらに伸ばすために、大量かつ効率良く生産するための設備を導入しま

店舗の手作り模型

す。具体的には、４種の焙煎設備を揃えて、味、風味、食感のオリジナリティを追求することにしました。

並行して、主な原材料の一つである北海道産の大豆を柔らかくするために、札幌市の経済局などと連携してソフト化の研究に加わります。豆菓子の質は、素材と加工技術の掛け算です。そう考えて、メーカーである我々も率先して素材開発に携わろうと考えたのが、研究をスタートした理由でした。

消費者の声が商品を育てる

自社ブランド商品を売り始めて、分かったことは二つあります。

一つは利益率が高いということです。この時はまだ黒字化が見えるかどうかの瀬戸際でしたが、ＯＥＭ商品と比べ、自社ブランド商品は、量が出なくても利益は出ます。薄利多売が当たり前だったＯＥＭとの違いを実感しました。また、自社ブランドはファンを増やすことによって利益もさらに増やすことができます。注文者の影響を受けず、自分たちの努力で利益を増やしていけるという点で、ＯＥＭとは収益構造が大きく違うことも理解しました。

二つ目の発見は、消費者の生の声が非常に大事ということです。自社ブランドを作ってしばらくすると、直営店では「美味しかった」「また買いに来ました」といった声をいただくようになりました。ファンが増え、リピーターが増え、「美味しかった」と書いてあるハガキなども届くようになりました。これは作り手である工場の従業員の自信になり、「もっと美味しいものを作ろう」という意欲を高めることにつながりました。

それだけでも十分にうれしいのですが、リピートのお客さんと交流が深まっていくと、新たなアイデアや改善提案ももらえるようになります。例えば、あるお客さんからは「レターパックに入れて友人に贈りたい。小さな袋の商品はないか」と聞かれました。これをヒントに、小袋の商品が生まれたのです。

また、別のお客さんからは「合成着色料を使っていない商品はどれか」と聞かれました。

この声をきっかけに、全商品で合成着色料の使用をやめて、天然の着色料にしました。

このような改善提案は、最終消費者であるお客さんとの接点がないＯＥＭでは獲得できなかったでしょうし、自分たちだけで思いつくこともできませんでした。

商品そのものは我々が作り出しますが、世に出た商品を育てるのはお客さんです。そのことが分かったのも、自社ブランドを作った大きな成果でした。

この成果を踏まえて、私はさらなる拡大を考えていました。それは、本社工場に隣接する店とは別の場所での出店です。自社ブランドの売り上げは直販によって生まれます。理屈上、店が増えるほどお客さんとの接点が増え、売り上げが増え、商品の認知度も高まることになります。

のちにインターネットショップもスタートすることになりますが、たまたま試し販売をしてみないかと百貨店さんから声を掛けられ、２００９年に丸井今井札幌本店に、翌年の２０１０年にはさっぽろ東急百貨店にと立て続けに直営店を出店しました。

この2店は、本社工場からの独立店で、直販事業と店舗運営のシステムやノウハウを積み重ねるうえで重要な拠点となりました。独立店ではスタッフが常駐し、お客さんに商品の概要や魅力を直接説明する体制としました。開店以来、私も定期的に店に出向き、お客さんや店舗スタッフと話をするようにしています。従業員との会話から改善のヒントなどをつかむ「どこでも会議室の取り組み」は店舗でも有効です。

モチベーションが高まり責任感が増した

会社と商品がお客さんに認知されていくなかで、社内でも変化が起き始めます。ある時、休憩室のテーブルの上に商品が開封済みの状態で置いてあるのを見かけました。試食用の豆菓子は包装していませんので、袋入りのその商品は、店舗で買ってきたものです。

「工場でいくらでも手に入る豆菓子を、なぜ店で買ってきたのだろうか……」

不思議に思って近くにいた従業員に聞いてみると、実際に売られている商品の味を確認するために工場の従業員が買ってきたのだと分かりました。豆菓子は、菓子類の中でも比較的日持ちします。しかし、工場で試食する出来立てのものと比べると、包装し、店舗に出している商品は、もしかしたら味が落ちているかもしれません。それを確かめるために、わざわざショップへ行き、買ってきたというわけです。このような行動は、OEM仕事のころには見られませんでした。

メーカーに納品した後、どこで、どのような形で流通するか分かりませんでしたし、そもそも納品後の商品について関心が薄かったため、味を確認してみようという思いに至らなかったのです。別の言い方をすれば、OEM仕事で社名が表に出ないことが、味に対する責任を持たなくて良いという口実となり、隠れ蓑になっていたということです。その意識が確実に変わったと、私はこの時に気がつきました。

自社ブランドは社名が表に出ます。「美味しい」「美味しくない」といった評価が会社と商品の評価に直接影響します。そのことを現場の従業員が理解したことにより、私の会社のブランドはもっと成長し、もっと強くなるだろうと思いました。従業員のモチベーションを高め、やりがいを作り出すための取り組みは、彼らの責任感とプロ意識を伸ばすことにつながっていったのです。

追い風が吹く場所を見つけた

自社ブランドの直販を事業化していく中で、我々は菓子作りとは別に新たな業務が増えました。それは、最終消費者であるお客さんとの接点を強化し、コミュニケーションを活性化することです。ＯＥＭはメーカーがお客さんですが、自社ブランドは直販です。メーカーの指示通りに作るのとは違い、お客さんが求めている菓子を作らなければなりません。そのためには、知りたいことがたくさんありました。

誰がどんな菓子を好むのか、どんな場面でどんな時に食べるのか、店舗展開はそういった情報を集めるための手段ですが、私の会社のことをより多くの人に知ってもらうためにはもっと幅広い層の人を対象として、店に来る機会が少ない人とも接点を作る必要があります。

そこで考えたのが「豆まきイベント」です。豆屋である私は日本の伝統文化である「節分の風習」を守る責任があると考えていました。

もともと節分のころには、本社近隣の住人を呼ぶ豆まきイベントを行っていました。これを拡大し、節分向けの商品ラインナップを増やしました。また、このイベントが地域の

豆まきイベント「節分フェスタ」

テレビ番組などで紹介されるようになり、約1週間のイベント期間中に、累計で1万人以上が集まるイベントへと成長していくことになりました。一方で、より広い範囲に向けたコミュニケーションとして、鬼ブランドのテレビＣＭもスタートさせました。

このころから、自社ブランド確立に向けた追い風が吹き出します。認知度の面では、女優や俳優がお気に入りの菓子として私の会社の創作豆菓子をテレビなどで紹介してくれるようになり、その都度、お客さんが増え、売り上げも伸びました。味の面では、北海道加工食品コンクールで「さっぽろちょころ」など菓子業界の名誉ある賞を受賞するようになりました。

また、北海道企業としても、北海道とともに成長することを掲げた企業の取り組みが注目されるようになり、地域の農商工団体、JETRO（日本貿易振興機構）、行政などから評価されたり、工場の品質管理が評価されたりするようになりました。

振り返ってみれば、社長に就任して以来、追い風が吹いたのはこの時が初めてです。それまではずっと向かい風でした。中国製品の台頭や本州メーカーの進出といった逆風に耐え、レッドオーシャンの中で生き延びる道を模索しながら、ようやく追い風が受けられるブルーオーシャンを見つけることができたのです。社長就任当初に挑戦した新商品開発や自社ショップ展開も、逆風の中での挑戦でした。当時はいずれも失敗に終わりましたが、今回は両方ともうまくいっています。その差はどこにあったのだろうと考えた時、私は従業員にあると気づきました。

ことの発端は、元気がない従業員のことを思い、「誇りと自信が持てる事業を作り出そう」と決断したことです。きっかけは何だったか。自社ブランドを作りたいという従業員の声でした。そして、その思いに他の従業員が共感し、一丸となって努力してくれました。それが、名実ともに評価されるようになった最大の要因です。

従業員の力が会社を育てます。そう実感して、私はこの時、従業員を大事にする会社でなければならないと思い、今後のあり方がはっきり見えるようになったのです。

働くことに満足できる環境作り

会社のあり方が見えたところで、私は企業のブランディングに力を入れようと考えました。これまでは技術の研鑽に注力し、良い商品を作ろうと努力してきました。そこにとどまらず、職場環境や方針を磨いて、良い会社になるための取り組みを強化しようと考えたのです。

会社として高く評価されるようになれば、従業員は社員であることを誇りに感じてくれるようになり、さらに満足度があがります。私は主に製造現場を見てきたため、技術や設備についてはそれなりに詳しくなりましたが、ブランディングの分野は未知の世界です。

「何から手をつければ良いのだろうか」

「ブランディングは、ジャンルとしてはマーケティングか」

そんな思いつきで、まずはマーケティングの基本から勉強することにしました。勉強を始めて分かったのは、企業のブランディングは経営面でもさまざまな点で有利だということです。

例えば、北海道の会社と認知されることで、地域の人たちの応援や支援が獲得しやすくなります。ルイ・ヴィトンやシャネルのような高級ブランドとまではいかないにしても、品質やサービスの高さを認めてもらえれば、安売り競争に巻き込まれるリスクが抑えられますし、より高い価格で売れるようになります。

勉強していくほど、会社のブランド化が重要であることが分かってきました。そこで、マーケティングのフレームワークを踏まえながら、3つの点でブランド化を進めていこうと決めました。3つの点は、自社ブランドのコンセプトを決めること、ターゲットを選定すること、会社と各商品のブランドストーリーを確立することです。

歴史を踏まえたブランド戦略を構築

自社ブランドのコンセプトは、この時点で大枠ができていました。北海道の原材料を生かし、北海道の人たちとともに、北海道の人に喜んでもらう菓子作りです。

企業ブランドは、その会社にしかできないことや、提供できない何かがあることによって成立します。私たちの場合、それは北海道に関わることです。すでにこのコンセプトは、札幌圏豆くらすたあの取り組みや、北海道産の馬鈴薯や大豆を地産地消で商品に生かしていく商品開発などに反映されていました。

ただ、その内容が消費者に伝わっているかというと、そうとは言い難い状況でした。

「池田食品の菓子は美味しい」

そう評価してくれるお客さんは増えましたが、我々が北海道に地域密着で事業をしようと取り組んでいることまでは伝わっていないと感じたのです。

そこで、歴史に目を向けることにしました。私の会社は１９４８年に札幌で創業し、すでに十分に長い歴史があります。この間、北海道から出たことはなく、土着の会社であることが伝われば、北海道の会社で、北海道とともに成長してきた老舗であることが伝わりやすくなると考えたのです。

２つ目のポイントはターゲット選定です。これについても、私の頭の中では方針は決まっていました。それは、和菓子を好む高齢のお客さんを大切にしつつ、娘や息子世代、そして、その下の孫世代も取り込みながら、客層の若返りを図るという方針です。

接点作りとしては、すでに市内の百貨店に自社ショップを出店していました。この接点を生かしながら、例えば、おせんべいやおまんじゅうといった身近な和菓子とは違ったアプローチで、新しいことに挑戦する創作豆菓子のメーカーであることをアピールし、洗練されたモダンな店舗で商品を売っていこうと決めました。

商品展開として、主力である豆菓子やかりんとうのみならず、チョコレートコーティングの菓子類にも力を入れ、本店に隣接する店舗ではアイスクリームやシェイクも扱うことにしました。これも20代や30代を視野に入れた戦略です。

3つ目のポイントである自社のブランドストーリーも、やはり歴史が軸になると考えました。私の会社の歴史は戦後すぐからスタートしていますし、浜塚製菓のかりんとうも同じくらい長い歴史があります。橋本製菓から引き継いだタマゴボーロはさらに古く、大正時代に製造を開始しています。

これらは全て、会社と、会社に関わった人たちが残してくれた資産です。歴史を端的に語ることは難しいため、その歩みはウェブサイトで説明することにしました。また、豆と節分のつながりで、私の会社が節分という伝統行事をイベント化していることも、歴史ある会社の要素とうまくマッチすることとなりました。

商品のブランドストーリーも打ち出す

自社の歴史を紐解いていく中で、豆菓子についてもいろいろと興味深いことが分かってきました。例えば、私の会社には「池田の豆トリオ」として親しまれてきた「うぐいす豆」「七福豆」「銀杏豆」の3種があります。うぐいす豆の名前は、鳥のうぐいすに由来します。うぐいすは、別名「春告鳥」と呼ばれ、春の息吹を伝える鳥として認知されています。私の父が戦後に創業した当時、長い冬を耐え忍ぶ道民は、うぐいすの鳴き声を聞いて待望の春の訪れを感じ、心を躍らせました。こうした人々の気持ちに応えるべく、当時の豆菓子職人が春が近づく節分の時期に作ったのが「うぐいす豆」です。これがきっかけとなり、北海道で節分にうぐいす豆を食する習慣が広まっていったのです。

同じく七福豆は、新年度にたくさんの福がやってくるようにという思いから名付けられたと記録されています。銀杏豆は、油が貴重な時代に油をさっとかけた豆を食べてほしいという想いから作り出したもので、栄養が豊富な食べ物として食べられていた銀杏に似ていたことから名付けられたのだそうです。

歴史を掘り下げていくと、タマゴボーロやかりんとうにも興味深いエピソードが見つかりました。長く愛され、食べ続けられてきた商品だからこそ、エピソードが豊富です。

このような歴史を知ることで、菓子の味わいは深みが出ます。自社商品の歴史を勉強しながら、我々はたんに豆菓子を作っているのではなく、歴史をストーリーとして伝えているのだと感じました。

歴史と革新の融合を目指す

ブランディングの視点で自分たちの価値を見直したところ、北海道企業であることと技術力が強みになると分かりました。その強みを裏打ちするのが歴史であり、時間を超えて語り継がれてきたエピソードです。

ただ、歴史を見せるだけでは昔の企業というイメージがついてしまいます。洋菓子と比べて、和菓子はもともと昔のイメージがつきやすい業界です。歴史がありつつ、一方では革新的で、モダンで、新しい挑戦に積極的であることを見せたいと思いました。

企業イメージを分かりやすく伝えるのは、社名とロゴです。社名は、例えば、北海道や札幌を社名に入れれば地域の会社であることが伝わります。陶磁器のノリタケや東芝などのように、創業地の地名が社名になっている会社もあります。また、横文字の社名にすればモダンな雰囲気も出ます。ただ、父の代から受け継ぐ池田食品の名は変えたくありません。

ならば、ロゴです。

「歴史が伝わりやすいロゴを考えよう」

そう決めて、私の娘（創業者の孫）が椎茸などの乾物商だったころの看板デザインをモチーフとして、歴史を感じさせるのれんの藍色を基調としたロゴを作りました。池田はローマ字表記とし、これがブランドカラーの藍色とうまくマッチして、モダンな雰囲気のあるロゴになりました。

ブランドコンセプトを踏まえた店舗ができ、舞台が整いました。統一のパッケージで包装した菓子類も出揃い、武器も整いました。あとは黒字回復と自社ブランドの成長を見据えて、作って、売って、ブランドを育てます。こうして私の会社は、伝統的な菓子メーカーから革新に挑戦する菓子メーカーへと生まれ変わることになったのです。

［第4章］

少数精鋭で北の大地から
全土を席捲せよ！
基幹システム〝豆シス〟の導入で
さらなる効率化を図る

旧態依然を変えなければならない

ブランド戦略が固まり、進む方向が明確になりました。社内では、従業員も私ものづくりの楽しさを十分に感じていましたし、目的意識と創作意欲を持って仕事に取り組める毎日にはかつてないほどの充実感がありました。

店舗、ロゴ、ブランドといった外枠が固まったところで、次に考えたのは社内の改革です。もっと効率的にもっと楽しく、もっと美味しいものを作り出すために、何よりも自社ブランドを軸とする新たな事業モデルでしっかりと成長していくために、社内の体制を整えて強い組織に進化させたいと考えました。

具体的には、３つの改革によってさらなる成長を実現しようと考えました。

1　従業員の意識と職場環境の改革

2　設備投資による生産体制の改革

3　システム活用による業務環境の改革

このような改革を考えた背景として、製造業のゲームチェンジがあります。２０１０年代に入り、ＩｏＴ、ＡＩ、そして第四次産業革命といった言葉を頻繁に耳にするようになりました。この分野に私は興味と危機感を持ちました。

豆菓子製造は歴史ある業界ですが、悪くいえば、旧態依然です。大手メーカーでは生産設備の増強による大量生産とオートメーションが進んでいますが、ものづくりの世界を支える大多数の中小企業は、現場の従業員である職人の感覚、勘、経験に頼るところがまだまだ大きいのが現状です。第四次産業革命の資料などを読み込んでいくと、これからの主役はデータであることが分かります。

何がどうやってどうして売れているのか、また、誰がどこでどうして買っているのかなど、ものが売買されている状況をデータで把握することが重要ですし、そのデータを分析することによって生産活動と販売活動が効率化し、経営も良くなります。

このころ、ものづくり業界を広く見渡せば、工業の分野では、すでにドイツ企業が「インダストリー4.0」を掲げた変革に向かっていました。アメリカ企業は「インダストリアル・インターネット」と称した変革も同様です。この流れは、間も無く日本でも活性化し、工業品以外のものづくりにも波及していくだろうと思いました。

その波に飲み込まれないために、新しい時代の新しい経営を構築し、適応していかなければならないと考えたのです。

まずは従業員の意識と職場環境を変える

変化に適応していくためには、従業員の意識と職場環境、設備、業務環境の改革はどれも重要です。従業員の意識と職場環境の改革は、変化に適応できなければ会社は衰退していくと理解してもらうとともに、従業員が高いモチベーションと満足感を持って仕事に取り組めるようにするため、設備の改革は、より高品質の自社ブランド商品を作り出していくため、業務環境の改革は、デジタル化やDX時代を生き抜いていくために、どれも欠かすことができません。

迷ったのは、この3つの取り掛かる順番でした。IoTやAIに向かっている時流を踏まえると、単純に考えればシステム活用による業務環境の改革が本丸で、優先する要素かなと考えました。

しかし、少し考えて、違うなと思いました。システム活用や、それに伴うデジタル化、ＤＸ、データの利活用は、あくまでも手段です。何のためにデジタル化やデータが必要なのかが明確になっていないと、手段と目的が逆転し、システム導入が目的となってしまいます。

工場には更新を待っている機械があります。導入したい機械もあります。「ならば、設備投資が優先か」と考えましたが、やはり最優先ではないなと思いました。どんな菓子を作り、どんな評価を狙いたいかが明確になっていなければ、せっかくの設備が無駄になる可能性があるからです。

このように考えた結果、まずは従業員の意識と職場環境の改革を一丁目一番地とし、次に設備投資による生産体制の改善、そしてシステム活用による業務環境の改革という順番を決めました。

偉人から学んだ組織作りの原点

従業員向けの改革は、職場環境の改善からスタートすることにしました。私の会社の過去を振り返ると、従業員の努力に支えられてきたことは明らかです。事業モデルの変革を支えてくれたのは従業員ですし、３度の赤字を一緒に耐えてくれたのも従業員です。従業員が満足して働ける環境を作ることが、彼らに対する感謝であり、会社の未来を切り開いていくための重要な投資でもあると考えたのです。

私が改革や投資を従業員第一で進めようと考えたのは、八田與一氏の影響もありました。私が八田氏について知ったのは２００８年のことです。私は、いつも市民に寄り添う札幌市役所と行政マンが好きです。その一環として札幌物産協会の会長を務めていますが、台湾で開く物産展を手伝う機会があり、そのときに現地の人から八田氏の話を聞いたのです。

八田氏は水利技術者で、不毛の地と呼ばれていた台湾の嘉南平原に当時では東洋一の規模となる烏山頭ダムと、ダムからつながる台湾最大級の灌漑用水路（嘉南大圳）の工事を指揮した人物です。１９２０年に着工したこの工事により、嘉南は農業が発展し、地域の消費量よりも収穫量が大きく上回る穀倉地帯として繁栄することとなりました。

この功績を讃えて、台湾の人たちは八田氏を「嘉南大圳の父」と呼び、１００年という時を超えて八田氏を慕い続けています。台南市には八田氏の銅像があり、元台湾総統の李登輝氏も、最も尊敬する日本人の1人に八田氏を挙げて、日本に来た時には八田氏の故郷である石川県金沢市を訪れています。

私が感銘を受けたのは、その功績もさることながら、八田氏の現地での指揮の取り方です。着工に向けて、八田氏がまず取り掛かったのが働く人たちの環境整備でした。現地の労働者も日本から出向いている労働者も、不毛な土地をどうするのか不安でした。ダムを作る計画にも、それによってどんな変化が起きるのかについても疑心暗鬼だったのです。そのような心情を汲んで、八田氏は労働環境を良くすることに努めました。

工事の労働者のために宿舎を建てて労働者の家族も住めるようにしました。学校や病院、娯楽施設のほか運動施設も作り、植民地下にあった台湾の労働者のために台湾の伝統芸能も上演しました。

平等で公平であることも八田氏の特徴です。10年越しの工事を経てダムが完成した後、工事中の事故や当時流行していたマラリアで亡くなった人のために殉工碑を建て、そこには、台湾人、日本人の区別なく、死亡日順に殉職者の名前を刻んだという話も残っています。

この話は、私の胸に深く染み込みました。リーダーがどうあるべきなのかを深く考えるきっかけになり、以来人が集団や組織として何かに取り組むときには、八田氏を見習って働く環境の整備を最優先しようと思うようになったのです。

ダム建設にしても事業作りにしても、大きな成果を出すためには人の力を集結する必要があります。集結するためには集結する場の環境が整っている必要がありますし、粗悪で劣悪な条件の下では、感謝も感動もドラマも成果も生まれないと思うのです。

最初の投資は休憩室の改装

職場環境の改善では、従業員の負荷軽減につながる備品を導入したり、希望や要望を聞いたり、できることから細かく改善していきました。従業員は60代、70代の人が増え、高齢化が進んでいます。女性もたくさん働いています。彼ら、彼女らにとっては、重いものを持ち上げたりする作業はきつく、過剰な負荷がかかっています。それを軽減するにはどうしたら良いか考え、従業員から意見を聞きます。

「ワゴンを用意したら、少し楽になりそうですか」

「はい、とても助かります」

そんなやりとりを通じて、解決策を探していきます。

「どんなワゴンが良いですか」と聞けば、「上下二段に分かれているものが便利です」「段差があるので、タイヤが大きいほうが良いですね」など、具体的な意見も出てきます。このように、まずは会社がワゴンなどの備品を用意し、日々の業務の負荷を軽くしていきました。

そんなおり、休憩室として使っていた食堂で、テーブルに突っ伏して寝ている従業員を見かけました。

「……これでは体が休まるはずがない。きちんと休憩できる場所が必要だ」

そう考えて、私は休憩室の改装を決めました。改装費用を見積もったところ、約1000万円となりました。正直に言うと、この投資は迷いました。社内改革は、この後、設備投資による生産体制の改革、システム活用による業務環境の改革へ進みます。その道筋を考えると、直接的には売り上げを生まない休憩室に1000万円もの大金を投資することについて、「優先順位が低いのではないか」「あとで良いのではないか」と思う気持ちがあったのです。

新設した休憩室

しかし、その気持ちを振り切って、私は投資を断行しました。投資で重要なのは、目先の利益を追うことではなく中長期的に得られる効果を考えることです。その視点で見ると、休憩室の改装によって従業員に満足してもらうことは、未来の発展のために避けて通ることはできず、優先して行わなければならない投資と考えることにしたのです。

談笑できるスペースを作り、疲れた時に昼寝できるリクライニングソファを導入し、従業員が心と体をリフレッシュできる場所を設けることにしました。

こうしてでき上がった新しい休憩室は、従業員の満足度が高く、自慢できる場所の一つになりました。また、休憩室の改装は、当社が人を大事にする会社であることを分かりやすく伝える取り組みになりました。これまで数々の設備に投資してきましたが、休憩室改装は、そのなかでも最も良い投資になったと思います。

会社のあり方を言語化する

職場環境の改善と並行して、従業員の意識改革も進めました。意識改革は、会社のあり方を明確にし、浸透させることが目的です。自社ブランドの構築に取り掛かって以来、北海道の会社として、地域とともに成長し、地域に評価される会社を目指した菓子作りをしてきました。そのことは、従業員にも理解されています。

しかし、会社としての一体感をさらに強めていくためには、目指す道を分かりやすく言語化して、共有する必要があります。そこで、あらためて「北海道民に愛されるおやつを創り続ける」を企業文化と位置付けることにしました。

ただ「北海道民に愛されるおやつを創り続けること」は、まだ取り組み内容が曖昧です。そこで、何のために、どんなふうに、どんなおやつを作り続けていくかを明らかにするために、経営理念、経営方針、行動指針も明確にすることにしました。

▽経営理念
私達がお客様と共有できる「美味しい笑顔」で世界が幸せになりますように！

▽経営方針
私達は「笑顔の職人たれ！」を標語として生きがいを持って働ける職場環境を創り続けます。

▽行動指針
私達は品質一番を貫き、総ての人々に、毎日安全で美味しい商品をお届けすることを最優先に考え行動します！

理念、方針、指針が明確になることにより、会社として目指す姿が共有できるようになり、企業文化である「北海道民に愛されるおやつを創り続けること」にも取り組みやすくなります。判断に迷うことがあれば経営理念に立ち返り、働き方に迷ったら経営方針に立ち返り、日々の業務で迷ったら行動指針に立ち返ることで、目標を見失うことなく、自分たちが目指す姿に向けて邁進できます。

このように目標を共有して活動する会社は、アメリカではビジョナリーカンパニーと呼ばれ、理念などを社内で共有することが、さまざまな変化を乗り越え、持続的な成長を続ける企業の共通項であると考えられています。それはまさに私が理想とする姿です。会社として目指す方向性を言語化したのはこの時が初めてのことでした。

のれんを守るために革新が必要

意識改革の面で、私はもう一つ、従業員に期待することがありました。それは、のれんとの向き合い方です。私の会社は1948年に創業し、以来、のれんを守り続けています。事業としては、乾物商から豆菓子の製造業に変わりましたが、この大きな変化を除けば、常に池田食品ののれんを掲げて事業をしています。

私の会社の歴史について話をすると、「のれんがあっていいですね」「歴史ある会社は素晴らしいですね」と言われることがあります。評価されるのはうれしいことです。しかし、私はこれは必ずしも良いこととは思っていません。歴史にものれんにも誇りはありますが、のれんを意識しすぎると保守的になりやすく、歴史や伝統とともに、旧態依然とした考え方や過去の価値観も受け継いでしまうからです。

社長となったとき、私はのれんの価値をどう捉えるのが良いか迷いました。のれんによって事業のあり方が制限されるとすれば、手垢がついたのれんはむしろ価値が低いのではないかと思った時期もありました。

そこで考えたのが、のれんを守るのではなく、革新することです。いくら歴史や技術があっても、そこにあぐらをかいていては未来はありません。それが私たちを取り巻く製造業のゲームチェンジの本質です。経営スタイルや事業内容といったゲームのルールが変わるのであれば、我々もその変化に合わせるために、革新的な姿勢を持つ必要があります。

そのことを従業員にも理解してほしいと考えて、私は「のれんは革新によってのみ守られる」を基本方針に掲げました。

革新をもたらす6つの要素

我々が受け継いできた会社ののれんは、単に先代や先人から受け継いだわけではありません。例えば、バターピーナッツを軸とする事業モデルを変え、自社ブランドを構築したように、我々自身が会社を変える主人公となり、その結果としてのれんを守ってきました。

このような革新的な挑戦があったからこそ、今も菓子作りを続けていられます。今後も北海道民に愛され続けていくためには、この革新の姿勢を維持していく必要があります。

一方で、従業員に革新的であることを求めるのであれば、会社としてどのように従業員を支えるのかも明確にする必要があると考えました。「革新的になりましょう」と呼びかけるだけでは、何一つ挑戦は生まれません。会社には、積極的に挑戦でき、自分たちを変え続けていくための環境作りが求められるのです。そこで具体的な方針として掲げたのが「一番大切なこと改革」です。「一番大切なこと改革」は、以下の6つの活動指針を指しています。

1　社員とお客様の不満足度解消に取組む
2　大切な社員に無駄仕事を絶対させない
3　安全で快適に仕事が出来る環境を創る
4　伝統の味と技術を継承する人財の育成

5　数字で語れる人財となり、組織となる

6　戦略戦術の見える化で方針を共有する

この6つが、革新によってのれんを守り続けていくために、会社が取り組むことであり、従業員への約束です。社内改革の3つの要素である従業員の意識と職場環境の改革、設備投資による生産体制の改革、システム活用による業務環境の改革に当てはめると、1番と2番は従業員の意識の改革、3番と4番は生産体制の改革、5番と6番は業務環境の改革を示すものです。この中でも、私が特に注力したいと思ったのは、「2　大切な社員に無駄仕事を絶対させない」ことです。

現状、従業員の業務にはさまざまな無駄があります。従業員が無駄なことをしているという意味ではありません。会社が従業員に無駄なことをさせているのです。

例えば、現場では重いものを持ち上げたり下ろしたりしています。このような業務を見直せば、従業員の体力と時間の無駄を防ぐことができます。バックオフィスでも、手書きの書類を転記したり、長いだけの会議をしたりすることによって従業員の労力や時間が無駄になっています。

このような業務は、工程の見直しやデジタル化の推進によって減らすことができます。無駄が減れば仕事に関する不満足度解消につながりますし、安全で快適な職場環境の構築にも結びつきます。無駄の排除によって確保できた労力と時間を使うことにより、技術を磨いたり、数字で語る能力を身につけたりして、重要な人財として成長していくことにもつながるでしょう。つまり、従業員に無駄なことをさせないための取り組みが、目先の成果としての業務の効率化となり、その先にある革新につながるということです。

革新によってのれんを守っていくためには、まずは無駄をなくさなければなりません。従業員のことを第一に考えて、彼らが満足して働き、自分たちの力を十分に発揮できるようにすることが、経営者として「一番大切なこと」と位置付けたのです。

変わるための環境を会社が用意する

次に取り掛かったのは設備投資による生産体制の改革です。工場で課題だったのが品質管理でした。ちょうどこのころ、私の会社は厳しい品質管理基準を持つ日本生活協同組合連合会から、Dランクレベルの工場と格付通告を受けてしまいました。製造したかりんとうがしけっていたことが原因で、納品先から取引停止を受ける状態になったのです。

品質管理体制を改善しなければ良い菓子は作れません。

会社として「北海道民に愛される菓子を作る」と掲げるのであれば、そのための環境は会社が責任を持って整える必要があります。設備の更新、作業手順の見直し、品質チェック体制の構築、品質管理ができる人材の育成にも取り組むのです。

そこで、まずは5S（整理、整頓、清掃、清潔、習慣）の徹底を目指して、従業員向けの指針を策定しました。指針は以下のような内容です。

1　整理整頓の意識を持ちましょう！（5Sの基本）
2　副材料は台車等に搭載できる適正数量を検証しましょう！
3　収納のあるべき姿を見える化し、誰でも整頓できる体制！
4　住所特定、定位置化、エリア化を徹底しましょう！
5　住所の統一化を改めて確認しましょう！

6　賞味期限を全員が一目で分かる方策を検証しましょう！

ただ、これも活動方針や理念などと同じで、掲げるだけでは意味がありません。５Ｓの徹底を掲げるなら、従業員が徹底しやすい環境を会社が整備しなければならないのです。

「Ｄランク通告を変化の機会と捉えて、働き方を変えていこう」

私はそう考えました。今日を機に、誰が見ても素晴らしいと評する工場に改善しようと決めました。そのためには、細かなこと全てに目を向けて、改善していく必要があります。

そこで私は工場を見て回る時間を増やし、改善可能なところを細かく抽出することにしました。また、職場環境の改善の時と同様に、現場で従業員から意見を聞き、どこを、どう変えるのが良いか検討していくことにしました。

答えは従業員が持っている

現場を観察することは大事です。現場を見て回る時間を増やすほど、課題が次々に見えてきます。また、見るだけでなく、従業員の意見を聞くことも重要です。というのも、現場で仕事に当たっている従業員だからこそ、現場でしか分からない課題を把握していたり、改善につながるアイデアを持っていたりする可能性が高いからです。

「この機械の周りはずいぶんと汚れていますね」と聞けば、「ええ、この機械は粉が飛びやすく、床が汚れてしまうんです」と教えてくれます。

「対策のアイデアはありますか」と聞けば、「何かガードをつければ飛散防止になるかもしれません」と教えてくれます。

課題が分かれば改善できます。改善によって5Sが徹底でき、なおかつ従業員が仕事に取り組みやすくなるなら、経営者である私の役目はハンコを押すことです。

課題の発見や改善のアイデアについて「気づいたことを意見してください」と伝えるだけでは不十分です。待っているだけでは何も出てきません。しかし、現場で直接話しかけ、「これはどうなっているの」「あれはどう思う」などと聞き出すようにすれば、誰かが課題を把握していますし、誰かが改善策を持っています。経営者は、そのような意見を引き出す役目を持っています。大企業では難しいかもしれませんが、中小企業は経営と現場の距離が物理的にも心理的にも近いですし、簡単にコミュニケーションが取れることが強みの一つです。

課題や解決策が明確になっていなくても、会話ができれば、課題の発見や整理を手伝い、一緒に考えることができます。会話は課題や解決策を考えるきっかけになり、その積み重ねにより、現場の従業員は自分たちで考え、行動できるように変わっていくのです。

自分で考え、行動する力を育てたい

工場の改革に取り組み始めて、私はあらためて従業員の価値を実感しました。

従業員に関する悩みとして、思うように動いてくれない、自主性が乏しい、期待通りに育ってくれないなどと考える経営者は少なくありません。その理由を考えた時、従業員のやる気や素質などに原因があると考える経営者もいます。

しかし、私はそれは間違いだと思います。というのも、理念の浸透や5Sの徹底に取り組んでいくなかで、会社が環境さえ整えれば、自主的に動き、期待を超えた活躍をしてくれる従業員がたくさんいると分かったからです。

従業員たちから意見をもらって、私は会社の未来に安心感を持ちました。課題に気づき、改善策を考える力を持っていると分かったからです。そういった力があれば、自分たちで業務や職場を改革していくことができます。10年後にはおそらく、彼らが中心となりナレッジワーカーとして会社をさらに成長させてくれるだろうと感じました。

また、私は昭和の時代の経営者です。ＩＴを当たり前に使いこなし、ＤＸを推進していかなければならない変化が速いこれからの環境の中では、私の価値観が世の中とずれたり、そのせいで判断を誤ったり遅れたりする可能性もあります。そのような時でも、従業員はきっと指摘してくれるだろうと思いましたし、遠慮なく言ってくれるようにしなければならないと思いました。

足りない要素があるとすれば、自主性です。自分で率先して考え、改善案を実行していく姿勢です。経営者としては、彼らが積極的に意見を出せるようにして、彼らの知恵を余すところなく生かせるようにすることが課題です。そう考えた時に、これから取り組むデジタル化の目的が明確になりました。デジタル化は業務効率や生産性を高めるためのものです。しかし、そのような経営面での効果が得られても、従業員の成長につながらないのであれば、そのデジタル化は、やる意味がありません。

例えば、デジタル化によって業務が簡略化でき、時間が確保できたとしたら。重要なのは、その時間をどう使うかです。ある人は、「次の仕事を終わらせてしまおう」と考えるかもしれません。商品開発や味の改善に使おうと考える人もいるでしょうし、早く帰って家族と過ごす時間を増やそう、技術を勉強しようと考える人もいます。

時間の使い方は人それぞれです。従業員それぞれが、自分で使い道を考え、自分の判断で行動することが大事です。そのような選択肢を作り出し、従業員の自立と自走を促すことが、デジタル化の真の目的だと思ったのです。

数字で語る風土を作る

デジタル化は、「一番大切なこと改革」の中では、「5　数字で語れる人財となり組織となる」ことと、「6　戦略戦術の見える化で方針を共有する」ことに結びつきます。これは、「3つの改革」の3番目である「システム活用による業務環境の改革」にあたります。

データの利活用が重要になっていく時代では、まずは数字で語れるようになることが大事です。生産工程における時間や分量の管理、生産量のコントロール、在庫管理など、数字で把握できる要素はたくさんあります。数字を踏まえることによって作業効率は向上しますし、利益率にも影響します。重要なのは、「数字を見よう」「数字で議論しよう」などと呼びかける前に、数字で語るための環境を作ることです。

そこで考えたのが、基盤となるＩＴシステムの導入です。社内にはあらゆる業務があり、工場、営業、バックオフィスなどがそれぞれ効率化したい仕事を持っています。また、工場の中でも、豆菓子、タマゴボーロ、かりんとうでは、効率化できる部分、したい部分が異なります。

これらを一つずつ確認し、部分最適の視点で効率化していくことも大事ですが、私はもっとダイナミックに、事業そのものを全体的に効率化したいと考えました。そのためには全社横断で使えるシステムが必要で、そこからＩＴシステム導入という案につながっていったのです。

この基幹システムの導入にあたり社員たちは「豆シス」と名付けて、さっそく導入・運用の検討に入りました。デジタルの取り組みのスタートは社員が名付け親となり愛着を持ってもらうことが大切です。そのための下準備として取り掛かったことは二つです。

一つは、今のＩＴ事情について勉強することです。ＩＴシステムは高額です。会社のお金を無駄に使うわけにはいきません。きちんと効果が見込め、過不足ないシステムを作るためには、エンジニアほど詳しくなる必要はないにしても、システムの基礎は学ばなければならないと考えました。

もう一つは、豆シス導入で解決したい課題、解決可能な課題の整理です。どの業務を、どんなふうに、どんな順番で効率化していくのが良いか考え、そのうえでシステム導入の計画を進めることにしました。

リソース不足を解消できる

システムについて勉強するために、北海道の経済振興になくてはならない存在の北海道科学技術総合振興センター（ノーステック財団）で私はＳＩｅｒ(System Integrator)の研修を受けることにしました。

結論から言うと、半年間の研修でＳＩｅｒの資格を取得できたのですが、技術に関する内容はよく分かりませんでした。ただ、気づきもありました。基礎的なことを教わり、

ＩＴ化とＤＸの時代を乗り越えていくためのヒントが見えました。

キーワードだと思ったのは、ＤＸ、ＩｏＴ、ＡＩ、ＭＬ、ＤＬです。いずれもシステム導入を検討する際に重要なもので、これらがどういうものかはいまいち分からなかったものの、未来にどう影響するかは分かりました。

ＤＸはシステム導入の根本にある要素です。デジタル技術による業務の効率化や、データを踏まえた戦略立案は、デジタル社会における経営の目指す姿を示しています。特に中小企業は外部環境の変化などによって事業モデルや業務プロセスを大きく変えなければならない状況となる可能性があります。

私もバターピーナッツを諦めたり、ＯＥＭから自社ブランドに軸足を移したり、大きな変化を経験しました。変化にうまく適応し、その結果として持続的な成長を実現していくという点で、中小企業こそＤＸが必要です。競合他社に対する競争力という点でも、ＤＸの取り組みが優位性を生み出すだろうと思いました。

ＩｏＴとＡＩも、中小企業の競争力強化につながります。というのも、中小企業はリソース不足が弱点なので、人が行っている業務を機械などに代替させることによって、この弱点を補うことができるからです。例えば、菓子の製造工程でＡＩを活用すれば、温度などを数値化して管理することができます。数値で管理することによって品質のばらつきを抑えることができ、職人が機械に張り付く必要性もなくなりますので、手が空いた従業員が別の業務につくことができます。ＩｏＴについても同様に、機械それぞれにつけたセンサーなどからデータを集めることで、工程を効率化できたり、機械の異音などを察知して、故障や、故障による生産トラブルを防ぐことができます。

ＭＬ（Machine Learning・機械学習）とＤＬ（Deep Learning・深層学習）には、製造業のあり方や技術の承継の仕組みを根底から変える可能性を感じました。

美味しい菓子は、菓子作りをする職人の目、耳、鼻、口、手によって作られています。これらは感覚的なもので、他人が受け継ぐのが難しいものです。より美味しいものを作るために、職人たちは常に感覚を進化させています。この部分を機械に学習させれば、職人の数が足りない状態になっても菓子作りを続けることができます。技術が属人的になるのを防ぐとともに、次世代に引き継ぎやすくなります。

このような技術について学び、私は「想像を超える変化が起きる」と感じました。青年会議所に参加しているころ、アメリカ交流プロジェクトでファックスを初めて使い、「魔法だな」と思ったことがありました。携帯電話を使ったり、アメリカに行った時にウーバーを使ったりしたときも、かなりの衝撃を受けました。しかし、ＤＸなどが作り出す新たな世界は、その驚きを超越しています。生まれ変わった後の自社を想像してワクワクしました。

システムをベースとして、デジタル技術とデータを活用する経営は、私が知る昭和時代の経営とは全く異なります。令和から先の時代を生き残っていくためには、まずは私自身が新時代の経営を理解する必要性を感じました。また、私だけの力ではカバーしきれない部分を、私より若い従業員の力を借りながら、全員で適応に向けて取り組んでいく企業風土を作ることが重要だとも感じました。

情報を共有して無駄とムラを解消

「豆シス導入に向けて、次に着手したのは課題の整理です。ＤＸがあらゆることを実現できる変革であることは理解しました。ただ、そうは言っても予算が無限にあるわけではありません。ＤＸ導入が目的になるのを防ぐためにも、何を、どんな順番で解決していくかを考える必要がありました。まずはデジタル化によって変えたい、または変えられる課題を並べてみました。そのうえで、解決の優先順位が高い課題を２つ選び出しました。

一つは、生産状況を数値化し、全社で情報共有できるようにすることです。現状、生産などに関する情報は部門ごとに個別で管理されています。豆菓子部門はかりんとう部門の動向を知りませんし、営業は各工場の動向を知りません。これは余計な負荷と無駄とロスを生んでいます。例えば、営業は生産状況を把握していないため、たくさん仕事を受注することによって工場が生産能力を超えてしまうことがありますし、逆に受注が少なければ生産能力を持て余してしまいます。

また、工場間の情報共有がないのも問題です。豆菓子部門が大量受注で忙しい一方、かりんとう部門は手が空いているといったムラを生みますし、生産効率を高める改善策を考えた時なども、その情報が他工場に共有されないのはもったいないことです。このような無駄とムラは、各部門の情報を全社共通の基幹システムで一元化することによって解消できます。

生産と営業の連携については、工場の生産状況、受注量、在庫の状況などを営業が確認することにより、過剰な負荷をかけることなく、注文を取ってくることができます。また、生産品目、在庫、受注状況を可視化することにより、商品別に売り上げを管理できるようになり、販売計画や売り上げ予測が立てられるようになります。

生産面では、焙煎の時間や投入した原料の量などをデータで管理することなどによって、味や品質のムラを抑え、不良品を減らすことができます。データを分析していくことで、当社商品群の味や品質の向上に役立てることもできます。

会議をなくして長時間労働を解消

豆シス導入で優先的に解決したかった2つ目の課題は、生産性です。生産性は、投入するリソースに対して、どれだけの成果が得られたかを示すものです。計算式はどのリソースを基準に考えるかによって変わり、例えば、労働生産性の場合は、仕事の成果を、労働にあたる従業員の数や労働時間などで割り算して計算します。

日本は、他国と比べて労働生産性が低いことで知られています。日本生産性本部が

OECD.Statデータベースなどをもとに毎年分析・検証し、公表している「労働生産性の国際比較２０２０」を見てみると、日本は時間当たり労働生産性で、ＯＥＣＤ37カ国中21位、主要先進7カ国のＧ７では最下位です。ちなみにＧ７の中での最下位は70年代から変わらず、半世紀にわたって最下位が定位置という残念な状態になっています。また、労働者１人当たり労働生産性も低く、ＯＥＣＤ37カ国中26位、Ｇ７ではこれも最下位です。

この数字は、個人的には意外でした。私の会社の従業員に限らず、日本人は一般的に勤勉で真面目で器用といわれています。工業製品を中心に数々のヒット商品を世界に発信している日本が、まさか生産性が低い国だとは思っていなかったのです。

その点に驚いたと同時に、これは優先して解決しなければならないと思いました。生産性が低いということは仕事に無駄があるということです。「一番大切なこと改革」において、大切な社員に無駄仕事を絶対させないと明言し、６項目の中で特にこの項目を重視する私にとって、従業員の生産性向上こそが、不可欠なことだと思ったのです。

生産性に関する資料や本などを調べていくと、生産性が低くなる原因が見えてきました。まずは長時間労働です。労働生産性は、成果を分子、労働時間を分母として計算しますので、長時間労働で分母が大きくなるほど生産性は低下します。

　また、長時間労働になる原因としては、会議が長い、情報共有がうまくいかず残業が当たり前になっている、残業が常態化し長く働くことへの抵抗感が小さくなっている、商品の完璧さにこだわるため時間がかかる、といった制度や仕組みの問題があると分かりました。

　このような原因があるなかでも、商品の質については簡単には譲れません。受注状況によって、多少の残業をお願いせざるを得ないこともあります。そこで直ちにできることから目を向けたのが、会議です。慣例的に行っている会議が従業員の時間を奪っているかもしれないと考えて、この日を境に、どうしても重要な経営幹部の会議以外は全て廃止することにしました。

アナログ業務が生産性の足かせ

　生産性の良し悪しを業種別で見ると、労働力に頼る割合が大きい労働集約型の業種は生産性が低くなります。産業としては、農業などの一次産業は人の力に頼るところが大きいですし、宿泊、飲食、小売業など、従業員と消費者の接点が多い第三次産業も人が不可欠

［図表４］　労働生産性（一人あたり付加価値額）**の分布状況**（中小企業、業種別）

（単位：万円／人）

職業	飲食サービス業	医療・福祉業	教育・学習支援業	宿泊業	生活関連サービス業、娯楽業	小売業	農林水産業	製造業	サービス業全体	運輸業	建設業	非製造業全体	情報通信業	卸売業	学術研究、専門技術サービス業	不動産業、物品賃貸業	電気・ガス・熱供給・水道業	金融・保険業	鉱業
第一四分位	354	552	590	483	558	738	774	898	871	884	960	951	997	1,008	1,104	1,485	1,558	1,719	2,002
平均値	299	424	452	467	485	568	602	762	769	794	817	830	861	896	919	1,292	1,299	1,420	5,260
第三四分位	180	318	295	352	335	348	426	512	416	501	605	503	604	574	636	602	839	783	733

出典：2016年版中小企業白書「平成27年度（2015年度）の中小企業の動向」

であるため、このような業種は生産性が低くなる傾向があります。

その点から見ると、製造業は、労働力よりも設備などを投じて事業をする資本集約型に分類されますので、生産性は決して低くはありません。ただ、製造業の中でも濃淡があり、設備投資やオートメーションに積極的な会社は人に頼る要素が小さく、従って生産性も高くなります。一方、現場で常に職人が動いている会社や、職人がいなければ仕事が成り立たないような会社は、製造業であっても生産性は低くなります。

私の会社はまさに後者のパターンです。菓子作りの作業から機械類のメンテナンスまで、あらゆることを人の手で行っているため、それが生産性の足かせになっているのです。細かな業務についても、例えば、伝票の作成と管理は紙で行っていますし、そのほかにも通常業務の中に非効率なアナログの業務がたくさん残っています。業務プロセスの面では部門ごとに数字やデータの処理方法がバラバラになっているため、一つの納品に対して、工場と包装部門、営業部門がそれぞれ伝票を作るといった二度手間や三度手間の無駄を生んでいるケースもあります。

会社の競争力を高めていくためには、このような部分を改善する必要があります。デジタル化はそのために有効で、豆シスの本格稼働を急がなければならないと考えました。

解決したい5つの課題を特定

いつも思い出していたのは、先進的な取り組みをする札幌商工会議所で学んだ生産性についてです。特に注目したのが人時生産性です。

人時生産性は、従業員1人が1時間あたりどれだけの粗利益を生み出したかを示すものです。労働生産性と同様に、この値が高いほど生産効率が良く、企業として競争力があ

［図表5］　中小企業 労働生産性、人時生産性（時間当たりの労働生産性）

製造業と非製造業の労働生産性の差と人時生産性の差を比較すると、人時生産性で製造業と非製造業の差が縮まるが、依然として、非製造業の人時生産性は低い。

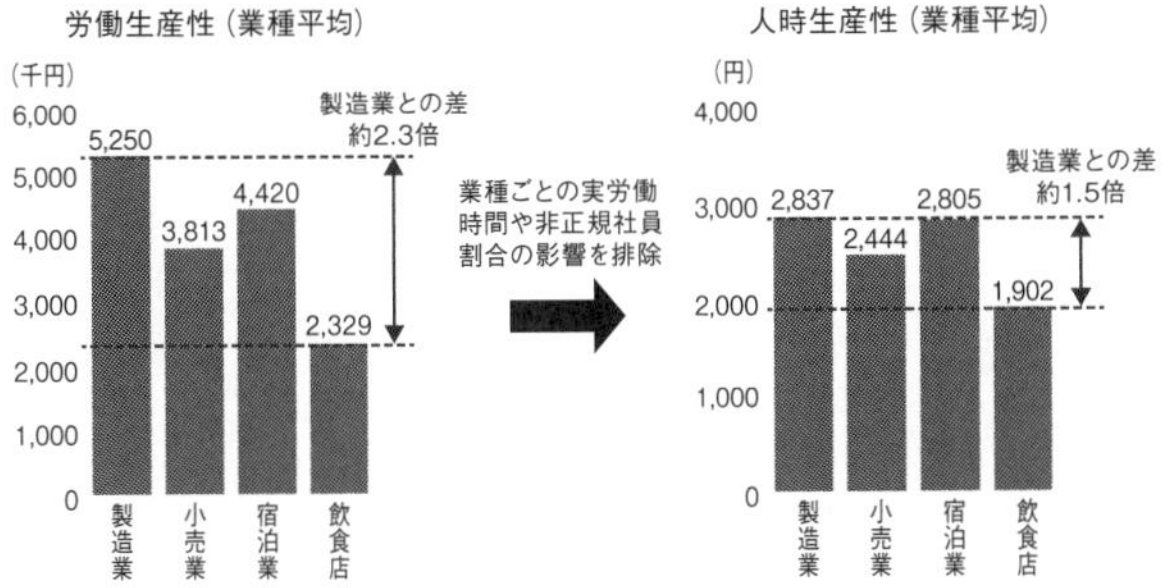

出典：2021年6月中小企業庁「中小小売業・サービス業の生産性分析」

り、従業員や、従業員が働く環境が優れていると評価できます。

労働生産性の計算式上では、分母である従業員数を減らせば、生産性の数値は上がります。しかし、中小企業は、基本的には業務に対してギリギリの人員で動いています。そのため、人を減らすのは現実的には難しく、むしろ、できれば人を増やしたいと考えている会社が多いため、数値的にはどうしても生産性が上がりにくくなるのです。

この壁を越えるには、1人あたりの生産性を高めるしかありません。しかも、昨今のように働き方改革で労働時間の短縮化が求められる社会では、労働時間を長くして生産量を

［図表6］　**製造業における労働生産性の平均値**（業種中分類別、規模別）

業種	中小企業平均	大企業平均
食料品製造業	548	763
繊維工業	551	910
家具・装備品製造業	641	1226
ゴム製品製造業	707	1400
印刷・同関連業	712	833
パルプ・紙・紙加工品製造業	714	983
電気機械器具製造業	721	996
プラスチック製品製造業	723	1019
木材・木製品製造業	723	986
金属製品製造業	762	1043
製造業全体	762	1171
情報通信機械器具製造業	762	1105
電子部品・デバイス・電子回路製造業	768	1110
輸送用機械器具製造業	769	1131
その他の製造業	800	1009
飲料・たばこ・飼料製造業	803	1559
生産用機械器具製造業	820	1294
窯業・土石製品製造業	843	1252
はん用機械器具製造業	847	1126
鉄鋼業	869	1223
非鉄金属製造業	881	1220
業務用機械器具製造業	898	1356
化学工業	1067	1608
石油製品・石炭製品製造業	1111	2075

出典：2016年版中小企業白書「平成27年度（2015年度）の中小企業の動向」

増やすのは難しいため、従業員の時間あたりの成果を高める必要があります。つまり、限られた時間の中でできる限り生産量を増やすために、人時生産性を見ることが重要になるわけです。

そこまで考えて、私は「これはチャンスだ」と思いました。私の会社の従業員には技術があります。情熱があり北海道への愛もあり、課題を見つけ出して改善策を考える力もあります。

私は、彼らの力を最大限に発揮できる環境を作れば、当社の生産性はまだまだ伸ばせる余地があると考えたのです。目標を共有し、自主性を発揮し、一人ひとりがマルチタスクで業務に取り組んでいくことにより、少数精鋭で戦える強い会社に進化できると、この時に確信したのです。

一般的に、少数精鋭は、優秀な何人かを選び出して戦うというイメージがあります。ただ、それは優秀な何人かを選び出す分母が十分にある組織の場合です。私の会社のような中小企業の場合、そもそも人数が足りません。少数の従業員全員が精鋭になることが大事ですし、それが中小企業流の少数精鋭であり、目指す組織のあり方だと思うのです。

そのために、私はデジタル化で解決できる課題は何かを整理して、豆シス導入によって解消したい5つのロスを特定しました。

1　管理ロス・生産や発注の管理など管理上の理由から発生する手待ちのロス

2　動作ロス・従業員の作業動作のムダによって発生するロス

3　編成ロス・役割分担や生産量の変動などにより、仕事の負荷のバランスが崩れることによるロス

4　測定調整ロス・生産において測定と調整を繰り返し行うことによって発生するロス

5　自動化置換ロス・作業の機械化を遅らせたり見送ったりすることにより、品質や生産性が低く抑えられているロス

システム導入で少数精鋭の体制を構築

解消したい課題が明確になれば、あとはシステムに反映するだけです。例えば、生産や発注に関わる管理ロスを防ぐ方法としては、原料や完成品の保管倉庫の温度を測定できるようにし、温度などに異常がある場合にはアラームが鳴る仕組みとしました。最も、私にシステム開発の技術はありませんので、ＳＩｅｒに依頼します。

生産工程の測定や調整によるロスは、原材料の投入量や、焙煎の温度と時間を測れるようにしたり、各工程を撮影するカメラを導入したりし始めました。このような設備で取得するデータを豆シスで一元化します。

生産の進捗状況をリアルタイムで把握し、しかも、管理作業を最少人数で行えるようにすることで、少数精鋭で効率よく菓子作りができるような環境ができつつあります。

また、生産設備のＩｏＴ化だけでなく、日々の作業の効率化という点でも、工程を記録したり、進捗状況を手元ですぐに確認するためのタブレットを導入しました。通信を支えるＷｉ‐Ｆｉ導入や、情報共有とコミュニケーションを円滑にするためのサイボウズやＬＩＮＥ活用なども並行して進め、豆シスを十分に活用するための環境作りにも取り組んでいったのです。

データが未来を見せてくれる

豆シスを使い始めてしばらく経ったころ、私はいつものように工場の様子を確認しに行きました。「どこでも会議室の取り組み」はシステム導入後も継続しています。

ふと、手が空いていそうな従業員がいたので、システム導入による変化について聞いてみました。すると従業員は「13時30分までかかっていた出荷業務が、今では12時ごろで終わります。とても助かっています」と、うれしそうに話してくれました。この言葉を聞いて、私はデジタル化の取り組み方針が間違っていなかったと確信し、安心しました。

それほど時間が経っていないにもかかわらず、従業員は今の状況を数字で語るようになっていました。これは「一番大切なこと改革」に掲げた重要なポイントですし、他にも、社員の不満足を解消し、無駄仕事を減らすといった効果も生み出しています。

豆シスを使い始めてもう一つ分かったことは、情報をデータ化し、可視化することの重要性です。今、どこで、何が起きているかが分かるようになると、会社全体の動きが全体像として把握できます。会社の今が分かれば、未来の予測も立てられます。データは、単に現状を見せてくれるだけでなく、改善点を示し、業績予想に役立ち、つまり、未来を見せてくれるのです。また、経営者として全体を把握できるようになっただけでなく、従業員一人ひとりも、他の部門の動向が分かるようになり、お互いの仕事について理解が深まります。

以前はこのつながりがありませんでした。

工場と営業を例にすると、お互いの仕事が分からず、どんなことに苦労しているかも分かっていませんでした。営業が１０００ケースの注文を取り、工場が対応に追われるといった事態に陥るのも、営業は工場の生産や梱包の苦労に目を向けることができず、一方の工場も営業が注文を取ってくる苦労に目を向けることができなかったため、結果として「営業は生産現場を分かっていない」「工場は注文を取る難しさを分かっていない」といった不満のぶつけ合いになってしまいがちでした。豆シスはこの関係性を変えるきっかけになりました。

情報の共有はコミュニケーションです。豆シスによって全ての部門がつながったことで、各部門の従業員は自分の仕事のことだけでなく、他部署の仕事の状況を見られるようになりました。これも可視化の大きな成果です。情報が見えるようになると、会社としての一体感も醸成できるようになったのです。

［第5章］

中小企業大廃業時代に
ピンチをチャンスに変える
追い詰められた時こそ
再起につながるレジリエンスを発揮せよ

成長は地盤作りが大事

改革は順調に進んでいました。ＯＥＭ生産から離れ、自社ブランドを軸とする事業モデルに変わったのが２００５年のことです。以来、取り扱い商品は豆菓子やタマゴボーロ、かりんとうから大きく変化していませんが、お客さんの認知度は変わりました。開発、包装、販売まで自社で手がける事業になり、菓子作りを裏方として支えてきた私の会社は菓子を通じて北海道民に愛されるブランドとして認知されるようになりました。

社内においても、「なんでこんなに忙しいのだろう……」と、充実感なく疲れる日々が、自社ブランドを持つことにより「自分たちは人々を笑顔にする菓子を作るために頑張っている」と実感できる日々に変わりました。その志を共有して、工場は美味しい菓子を作り、営業とショップがその菓子を多くの人に販売しています。

職場環境としては、豆シスによって各部門が結びつき、情報共有できる環境が整いました。また、休憩室や工場の改善に積極的な投資を行ったことでコミュニケーションがとりやすくなり、一体感が高まり意見が言いやすくなりました。こうして私の会社は、社名こそ以前と変わりませんが、内面は１８０度異なる豆菓子の創作集団に変わったのです。
自社ブランドと直販部門の設立と、基幹システム（豆シス）の導入によるデジタル化という２つの大きな改革を経て、私が感じたのは「会社の地盤を固めることが重要」ということです。自社ブランドができたことで会社が進む方向性が明確になりました。また、基幹システムによって情報が共有できるようになり、風通しの良い風土となりました。

方向性が明確になることで、周りの従業員が志を共有する仲間であると認識できて一体感が生まれます。そのためには自分の仕事のことだけでなく、他部門のことが分かる環境が必要です。簡単に情報共有できる風通しが良い会社では従業員それぞれが会社全体のことを把握しやすくなり、全体像が見えるからこそその中で自分がどんな役割を与えているかを理解でき、社員は自ら考え行動できるようになります。

これは私の反省です。社長に就任したばかりのころ、私は新商品開発や自社ショップの出店に挑み、ことごとく失敗しました。その理由は、地盤が固まっていなかったからです。足元がぐらついている状態では、大きく飛ぼうと思っても飛べません。当時の私は売り上げのことばかり考えていましたが、重要なのは売り上げを作ることではなく地盤を作ることだったのです。

ただ、その失敗にもそれなりの意味はあったと思っています。売り上げの減少や３度にわたる赤字転落が社内の危機感を高め、全社一体となって取り組むきっかけとなったからです。そう考えれば、不況に感謝です。失敗にも感謝です。

赤字になり、会社が厳しい状況に追い込まれたことで、私は経営者として多くを学ばせてもらいました。ピンチが先生だったとも言えます。改革に取り組み始めてから15年、１９８４年の社長就任から数えると36年という時間をかけて、強固な地盤を踏みしめて大きく飛べる体制を作ることができたのです。

「この勢いに乗って、さらなる改革に取り組もう」

「ＤＸ時代を前提とした新時代の会社となるべく、環境も意識も、さらに変革していこう」

そう考えて、私は３つ目の改革に乗り出そうと決めました。

突然の危機で直販の売り上げが激減

突発的な危機に見舞われたのは、改革に乗り出すことを決めた直後のことです。

２０２０年、新型コロナウイルスの感染拡大です。新型コロナウイルスはあっという間に世界中に拡散していきましたが、日本ではどういうわけか北海道で感染者が多く、その中でも地元である札幌市で日に日に感染者数が増えていきました。

「コロナ、怖いねえ」「早く収まるといいねえ」

職場では、コロナを不安視する従業員の声が聞こえてくるようになりました。２０２０年の時点では詳細が分からなかった新種のウイルスだったので、不安に感じて当然です。間も無くして、北海道では日本で初めての緊急事態宣言が発令されます。当時はまだ新型コロナウイルス対策の特別措置法がなかったため、これは法的根拠がない状態での宣言でした。しかし、道内ではすでに不安が大きくなっていたこともあり、「外出を控えてください」という知事や市長のメッセージは大きな効果を生みました。

札幌市内は目に見えて人が減っていきました。飲食店やデパートは休業となり、当社が出店していた百貨店も臨時休業や時短営業になりました。私の会社はこの時、すでに自社ブランド展開を軸としていたため、直販の売り上げが大きな収益になっていました。直販は、２０１９年にリニューアルしたネットショップとデパートの店舗の２つのルートがあります。

　街から人が減り、デパートの集客数が減ったことで、そのうちの一つが大打撃を受けます。一時は、デパート全体の売上が通常時の80％減まで落ち込みました。

生活環境が大きく変化

　一回目の緊急事態宣言（北海道独自）は1カ月弱で解除されました。しかし、解除の翌月には感染拡大の第二波があり、北海道と札幌市は共同で、不要不急の外出自粛や飲食店への休業を要請します。感染者が多い札幌市では、4月中旬からゴールデンウィークが終わるまでの間、小・中・高校が休校となり、市の公共施設も休館になりました。

　一方、国全体でも都市部を中心に緊急事態宣言が発令され、4月16日には宣言の対象が全国に拡大されました。その中でも、7都府県の都市部と、北海道を含む13の都道府県は重点的に感染拡大防止の取り組みを進めていく必要がある「特定警戒都道府県」に指定されました。これは道民の生活に大きな影響を与えました。そこには、店舗を訪れるお客さんのみならず、従業員も含まれます。学校が休みになれば、子どもを持つ従業員は休まざるを得ません。家計が不安ですし、仕事も不安です。突発的かつ過去に例がない危機に見舞われたことにより、当社の売り上げは予測が立たなくなり、どれくらいの売り上げ減少になるかも分かりませんでした。

また、コロナ禍が厄介だったのは、人々の不安を過剰に膨らませたことです。突発的な危機という点では、コロナ禍も地震や洪水といった自然災害も同じです。しかし、自然災害による不安は、お互いに寄り添い、助け合い、語り合うことなどによって気持ちを落ち着かせることができます。一方のコロナ禍はそうはいきません。ソーシャル・ディスタンスを保つ状況では寄り添ったり語り合ったりするのが難しく、物理的に離れることによって不安が増してしまいます。「コロナにかかりたくない」という気持ちから、相手に対して疑心暗鬼で接することにもつながっていきます。

コロナ禍の出口が見えない中で、私は業績への影響よりも従業員への影響を考えました。せっかく一つになった従業員の心がバラバラになってしまうのではないか、と思うこともありました。ただ、そのような不安はありつつも、心の中ではどちらかというと楽観的でした。「再び、社のあり方について学ぶときがきたな」と思っていたくらいです。

過去2回の再起が自信になった

全体が悲観的な空気に包まれる中、前向きに考えることができた理由は、過去に大きな危機を経験し、乗り越えてきたからです。この時点ではまだコロナ禍による減収がどれくらいになるか分かっていませんでした。未曾有の危機ですから、何が起きてもおかしくなかったのです。

一つ分かっているのは、コロナ禍は自分の力でどうにかできるものではないということです。自然災害も同じです。多少の対策はできますが、災害発生を止めることはできません。

振り返ってみれば、中国製のバターピーナッツがシェアを伸ばしたことも、本州メーカーが北海道に進出してきたことも、過去に業績が大きく悪化した要因はどれも私がどう足掻いたところで避けることができず、なんとかできるものではありませんでした。

重要なのは、避けようがない危機に見舞われたとしてもきちんと乗り越え、復活してきたということです。そして、その都度、危機以前よりも強い会社に生まれ変わってきたということです。

危機に耐え、危機をきっかけに強く生まれ変わる力をレジリエンスといいます。私はこの時も、当社のレジリエンス力に自信を持っていました。どんな危機が来ようと、私たちは対応します。多少のダメージは受けるでしょうが、最終的にはダメージを回復します。

コロナ禍についても、無傷というわけにはいかないでしょうが「乗り切れるだろう」と思いました。経験だけで経営は担えるものではありませんが、自信になるものなのです。

危機から再起するための方法を考え、事業モデルなどが変化する過程で、会社はダメージに対する耐性を身につけます。私の会社も幾度かの危機を乗り越えて、気づけば以前より強くなっています。変化に適応するための紆余曲折と右往左往を振り返り、「これはきっと、ピンチという先生が『新たな変化を考えなさい』『固定概念を捨てなさい』と言っているのだろう」と思いました。コロナ禍を乗り切る最大のポイントは、どこをどう変えれば良いかを考えることです。この危機を乗り切ったら会社はさらに強くなるだろうと想像し、私は少しワクワクしていました。

授人以魚　不如授人以漁

今が変化の時だと再認識して、私は再び次の改革に意識を集中させることにしました。自社ブランドで北海道民に愛される菓子を作るという目的を共有し、また、そのための情報も共有できる環境が整ったら、次は積極性、自主性、責任感を育むことです。

私はこれまで、会社の危機を乗り越えるための指揮をとってきました。それは経営者の立場から見れば当たり前のことですが、そこに中小企業の弱さがあります。経営者が４番のエースである中小企業は、あらゆる意思決定を経営者が行うため、経営者が引退したタイミングで急速に力を失ってしまうのです。それを避けるには、従業員が積極的に自分がなんとかするという意識を持って会社の一員としての責任を果たしていけるようにしなければなりません。

私の会社が戦後から半世紀以上にわたって存続し続けてきたように、次の半世紀やさらに次の半世紀も地域やお客さんや取引先に必要とされ続けていくために、理念を受け継ぎ、自分こそが社の精神を受け継ぐ従業員であるという意識を持って積極的に意見を出し、行動し、判断していくことができる人を育てる必要があると思ったのです。

分かりやすく言えば、老子の「授人以魚　不如授人以漁」です。お腹が空いている人に、自分が釣った魚を与えるのは簡単です。しかし、その魚を食べてしまったらその人はまた誰かが魚をくれるのを待たなければならず、魚をもらえなければ飢え死にしてしまいます。魚の釣り方を教えれば、自力で食べていくことができます。その釣り方こそが、次世代の当社をイメージして、積極的に意見を出し、行動し、判断する力のことだと思ったのです。

「見えざる資産」が会社を強くする

私の会社の未来を作るのは若い社員たちです。それはつまり彼らが当社の貴重な財産であることを意味しています。財産というと、現金、土地、設備などを思い浮かべます。もちろん、これらは価値ある有形資産ですが、一方には、無形資産もあります。

無形資産は、のれん、ブランド力、お客さん、技術、特許、生産プロセスなどです。これらを増やし、価値を高めていくためにはどうしたら良いか考えた時、私は、その答えが社員の育成にあると考えました。

のれんやブランドを守るのも、お客さんを開拓するのも、技術を磨いて特許を取得できるのも、生産プロセスを改善できるのも、すべて社員です。彼らは人材であり、人財です。財としての価値をさらに高めていけば、私の会社の未来は安泰ですし、社員も社会人として、働き手として、個人として価値ある人に成長できます。ある程度の現金が確保でき、設備など環境面でも整ってきた今こそ、我々は無形資産である人への投資に重点をおく必要があると思いました。

そこで、ＤＸ改革に続く第三弾の改革として、人材から人財への成長を実現する、「自走化」推進の取り組みに着手することにしたのです。

折れない強さよりしなやかさが大事

コロナ禍で不安が立ち込める中、私は「自走化宣言」と題して社員に向けたメッセージを出すことにしました。そのメッセージとは、技術を磨き、知識を広げ、知恵を出し、人間性を高めて、自社のみならず社会に貢献できる人財になろう、見えざる資産になろう、というものです。コロナ禍で生産量は減りましたが、その分幸いなことに自己研鑽に取り組むための時間は増えました。

時間はあります。従業員のやる気もあります。この２つの掛け算で社員全体のボトムアップに取り組めば、会社は未来に向けた強固な地盤を作ることができます。

こういうときこそ、ピンチはチャンスと考えることが大事です。バターピーナッツの生産が終わった時、私にできることは散歩くらいしかありませんでした。しかし、今はもっとできることがあります。

自分で課題を発見し、分析し、課題と解決策を言葉化し、ＰＤＣＡサイクルによって解決していける人財を増やしてくために、コロナ禍はちょうど良いタイミングであり、機会だと思ったのです。

会社の未来を見据えて取り組むのであれば、主役は私ではなく若い社員です。過去の成功例や失敗例を、昭和の社長という肩書きのもとで私が伝えていくことは重要だと思いますが、時代が変われば経営の中身も変わります。戦略が変わり、戦術も変わり、その変化は、私よりも若い社員のほうが敏感に察知でき、理解できます。

むしろレジリエンスという点から考えると、昭和の時代に通用した経営方針を貫こうとするのは非常に危険です。経営方針を棒に例えると、固い棒はある程度の雨風なら耐えることができますが、一定以上の負荷がかかるとぽきっと折れてしまいます。折れてしまったら企業は倒産するかもしれず、そうなると再起の道も閉ざされてしまいます。「自分の時代はこうだった」「自分はこうやって危機を凌いだ」といった経験を頼るのは、まさにこの状態です。

重要なのは危機を耐え抜き、再起することです。そこで必要なのは、強靭さではなく柔軟性です。雨風にさらされても決して折れないしなやかさを持ち、雨風が止んだ時に復活する弾力性を持つことが重要で、そのためには、過去の経営方針を貫こうとする意地や頑固さは捨てなければならないのです。そのような姿勢で向き合えるのは、昭和の経営者である私ではなく、これからの会社を育てていく若い社員です。

経営は、その根底にあるものごとの考え方まで含めて、時代に合っているかどうかが大事です。そのことを意識して、私はこのころから逆に自分が「昭和の経営者」であることを以前より自覚するよう努めました。そして若い社員の意見や感性に反論せず、反発もせず、むしろ勉強させてもらう立場になろうと決めたのです。それが自走化の本質的な目的であり、人財として成長を目指してもらう真の狙いでした。

現場に任せれば案は出てくる

自走化を推進するために、現状の課題は私が洗い出します。しかし、解決策を考えるのは従業員です。解決策が出てきたら、実行するのも社員ですし、私がするのはそのための支援です。日々の業務では、例えば、朝礼などを通じて、会社が目指す姿を伝えたり、社会の変化を議題として提示したりします。また、営業やバックオフィス向けにはＳＤＧｓやカーボンニュートラルについて、工場向けには５Ｓ、異業種や海外でのＩｏＴの取り組みやサプライチェーンなどについて話します。

従来は会社の理念や社会変化を踏まえて、社員が具体的に何をする必要があるのかまで言及してきました。しかし、自走化を推進するために、その部分は社員に考えてもらうことにしました。社会や外部環境の動向を踏まえて、自分に何ができ、どんな行動が求められているか考えることが人財になるための重要なポイントなのです。

課題は大小さまざまで、いくつもありました。生産現場では5Sの徹底、生産工程における ルール作りの徹底、時間・手順通りに段取りよく作るプロセスの確立などが課題ですし、お客さんからは「かりんとうをもっとソフトにしてほしい」といったリクエストも来ています。これらの解決策は従業員に考えてもらうことにしました。

すると、アイデアは自然と出てきます。例えば、5Sの徹底では、整理整頓された状態の写真を撮り、それを機械の前に掲げることによって5Sができている状態を可視化する案が生まれました。靴底についたゴミを工場内に持ち込まないようにするため、足拭きマットや靴底洗浄機を導入してほしいという声も上がってきました。私の役目は、申請があればハンコを押すことです。このような積み重ねによって、生産現場は着々と課題を解決していきました。

また、各種課題を効率よく解決していくために、現場主導で多様な会議も生まれました。創作豆のアイデアを出し、生産工程を考える場として、まずは試作会議ができました。また、生産計画を構築する場として、包装個数を元に翌月以降の生産を最適化する数量予測会議も生まれました。

私は「一番大切なこと改革」で「大切な社員に無駄仕事を絶対させない」と掲げて以来、その原因となりうる会議をほとんどなくしていました。現場社員が主体となって議論する会議は、現場が本当に必要と判断した会議であり、時間の無駄になるダラダラ会議とは対極のものといえます。

さらに驚いたのは、目先の課題解決にとどまらず、自分たちのあり方を定義する「職人の心構え5箇条」を社員がまとめたことです。5箇条は、以下の内容です。

1　製造した製品に興味を持つ

2　前工程、後工程に関心を持つ

3　作業工程時間を把握する

4　本日の作業終了前迄に翌日段取りを確認

5　翌朝、本日の予定再確認、検証（手順、必要時間）

このような項目は、従来は私が考えて、まとめていました。「一番大切なこと改革」の

6項目がその一例です。しかし、今は社員が自分たちであるべき姿を掲げ、自助努力で成長を目指すようになったのです。以前から、私の会社の社員は能力が高いと思っていましたが、実際には想像以上でした。反省点は、私が必要以上に指示や提案をしたために、彼らの能力を引き出す経営ができていなかったことだったのです。

データを踏まえて営業戦略を練り直す

営業部門の課題は、生産規模に対して売り上げと営業利益が少ないこと、節分前後の売上に頼りすぎていること、商品数が多く、整理できていないことなどがあります。

これらは以前からあった課題で、営業検討会議を開いて解決策を考えてきましたが、自走化を掲げて社員の意見やアイデアを重視するようになった結果、順調に解決できるようになりました。

例えば、商品数が多く、整理できていない課題については、北海道の素材を生かす菓子作りという企業文化に立ち返り、整理しました。その過程で、売り上げや利益が少ない商品も整理し、需要が大きい季節の企画商品や、社の個性が打ち出せる商品にリソースを集中することにしました。

このような判断も基本的には社員が自分たちでします。商品ごとの売り上げへの貢献率は豆シスのデータで把握できます。データだけでは読みきれない需要や可能性については、営業先と接点を持つ営業スタッフや、店舗で実際に接客している店舗スタッフが、それぞれの実感を通じて把握しています。営業において重要なのは、営業先や売り場といった現場で見聞きしたことです。また、相手の反応から、売れるかどうかを読み取る感性です。

そのような情報をまとめて、戦略としてまとめ上げたり、効率を考えたり、情報共有のためのシステムを作るといった点では経営の役割もありますが、そもそも現場での情報収集がなければ戦略は立てられません。システムを作っても、入力する情報がなければ意味がありません。肝心の情報を持っているのは現場の社員です。相手の反応を読み取ったり、刺さったりする企画を考える感性も、私より彼らのほうが優れています。その力を十分に発揮できるようにすることが私の役目です。

北海道の外に目を向ける

営業の課題に取り組んでいく中で、この先の営業展開も見えるようになってきました。この先の営業は、まさに若い社員が中心となり、新たな時代に向けて開拓していく領域です。

地域別で見ると、私の会社は北海道をホームとして、北海道民に愛される菓子作りをグループ方針としています。北海道の素材を生かす菓子作りはまだまだ可能性があります。売り上げ面で見ても、少し売れる商品でも年間販売数は20万袋であるのに対して、北海道の世帯は約280万世帯ですので、シェア拡大のチャンスも十分に残っています。

一方で、いずれ北海道以外の市場も視野に入れる時が来るだろうと思っています。なぜなら、北海道産の菓子は我々の誇りであり、その味を道外の人に味わってもらい、北海道の魅力を知ってもらうことも我々の役目だと思うからです。例えば、東北地方は物流コストが小さく、北海道と同じ北国という土地柄、濃い味が好まれるという点で私たちの商品が受け入れられる可能性が高いといえます。その先にある関東圏は、人口と店舗数が圧倒的に多い魅力ある市場です。高級品を中心とする小売店も多いことから、私の会社の商品のように質にこだわった嗜好性の高い商品が受け入れられる素地も十分に見込めます。

さらにその先の展開として、海外市場もあるかもしれません。国内と比べると物流コストはかかりますが、品質面では密閉容器の中を脱酸素状態にする脱酸素剤を使って維持できます。脱酸素剤は、私がバターピーナッツ事業を諦めることになった要因の一つですが、今度はその流れを逆回転させて、北海道の味を海外に発信することができます。

かつて、バターピーナッツ1本で事業をしていたころ、香港の物産展向けに商品を輸出したことがありました。私の会社が経営理念として「美味しい笑顔」で世界が幸せになりますようにと掲げているのも、この時の現地の人々の笑顔が私の中で強く印象に残っているためです。

美味しいものを食べると、人は自然と笑顔になります。その中でも、菓子は特別な存在で、菓子によって大人も子どもも幸せそうな表情を見せてくれます。そこに菓子作りの魅力があり、そこに菓子メーカーの使命がある、というのが私の考えです。

30年後をイメージ

営業範囲として北海道の外を見据える場合、過去に経験したことがないようなさまざまな困難に見舞われるはずです。しかし、レジリエンスを発揮してきた過去を踏まえれば、私はその点についてはあまり心配していません。困難を心配して避けようとするより、自分たちは必ず耐えられると信じて、困難に立ち向かうことが大事だと思っているからです。

また、ただ危機に耐えるだけでは事業をしている意味が薄れてしまいます。生き残ることを目的とした事業では従業員のモチベーションも下がってしまいます。

事業は付加価値を生み出すことが大事です。私にとっての付加価値は、菓子を通じて笑顔を生み出すことです。私の会社はそのために、新しい市場に目を向けて、挑戦を通じて成長していくべきです。

新しい市場では、新しい出会いがあります。人と会い、話を聞くことによって会社は成長します。特に本州や海外は、北海道経済圏とは違う商売の仕組みがあります。物流を使いこなし、生産技術を磨き、最先端の事業を展開している会社が山ほどあります。

そのような環境に自ら乗り出していくことが、これからの会社の成長につながります。事業がすんなりうまくいくとは思いませんが、井の中の蛙になりやすい地域の企業は、大海を知ることが大きな学びになります。

過去を振り返ってみても、バターピーナッツのころはバターピーナッツの世界しか知らず、ＯＥＭのころはＯＥＭの世界しか知りませんでした。しかし、新たな市場や事業に挑戦し、会社のあり方を変えてきた結果、新たなことを学び、強くなり、少しずつですが大海に出てきました。この姿勢は今後も継続し、引き継いでいかなければなりません。それが自走化であり、レジリエンス経営です。そう考えて、私は未来の当社がどんなふうに変わるかとても楽しみになりました。

今の私の会社は、30数年前とは状況が全く変わっています。30数年後は、さらに状況が変わっているはずです。新しい島を見つけるためには、今自分が住んでいる島が見えなくなるまで遠くに乗り出さなければなりません。私たちの次のステージは、北海道という島が見えなくなるくらいまで遠くに出かけたところにあります。そこまでたどり着くころには、コロナ禍は過去の危機になっているでしょうし、変化のきっかけを与えてくれた出来事として認識されるようになっていると思います。また、それまでの間にもコロナ禍のような危機は何度も訪れるはずです。コロナ禍より大きな危機に見舞われるかもしれません。そうだとしても、それも勉強です。

叩かれる度に強くなり、追い詰められるほど強くなる会社に変わっていく未来をイメージできていれば危機は怖くありません。むしろ危機は来るものと想定したうえで、生き残り、成長していく自分たちのことを想像しながら、果敢に挑戦していくことができるのです。

おわりに

本書は約40年間にわたる「失敗の記録」です。

しかしこれらの失敗こそが、私を経営者として成長させてくれたのだと思います。周りに支えられ、教わり、育てられたのも、新しいものを取り入れたり、変化に強い会社に変わってこられたあらゆることも、きっかけが失敗であり、失敗があったからこそ、私は少しずつではありますが細胞レベルで変化することができ、成長する機会を得たのです。

失敗は、失い、敗れると書きますが、私は少し違った解釈をしています。

失敗は「敗北が失くなる」こと。つまり、これ以上の負けがなくなり、奪われるものもなくなり、あとは成功に向かって進んでいくしかない最強の状態に導いてくれるのが失敗である、という解釈です。

本書を手にする経営者のほとんどは、私より若い人です。若い人は敏感ですから、失敗を恐れたり、過去の失敗を悔やんだりする人が多いかもしれません。

そんな必要はありません。失敗したその瞬間は嫌な気持ちがするかもしれませんが、何かを学び、成長するという視点に立てば失敗は必要ですし、嫌がるものでもないのです。

それでもどうしてもつらい時は、大事な人の顔を思い浮かべて踏ん張ってみてください。家族、お客さん、社員、取引先など、周りにいる人たちが応援してくれている。そう考えれば失敗を前向きに捉えて、新しい何かを吸収できると思います。

また、このような書き方をすると失敗は若者の特権のように思うかもしれませんが、年をとって失敗することも全く恥ではありません。おおらかな心で失敗を受け入れて、笑い飛ばしたり、若い世代に伝えたりできるのは、年配の経営者の魅力だと思います。

「士別れて三日、即ち更に刮目して相待すべし」

『三国志』に、このような一文があります。これは呉の武将で、赤壁の戦いでも活躍した呂蒙の言葉です。努力している人は、たった3日でも大きく成長します。その変化を見落とさないように、久しぶりに会った相手はしっかり目を開けて注意深く見なければなりません、という意味です。

私はこの言葉が好きです。何歳になっても、社長歴が何年になっても、周りから「成長したなあ」「変わったなあ」と言われる人間であり続けたいと願っています。

また私はかつて健康な経営者である必要性を学びました。そこで地元の札幌市白石区食生活改善推進員協議会で講習を受け、推進員になりました。ささやかでも健康を意識した経営者でありたいと強く思っているのです。

池田光司（いけだ こうじ）

池田食品株式会社代表取締役社長

1949年北海道生まれ。明治大学卒業後に東京・大阪でのサラリーマン生活を経て、池田食品株式会社に入社、1984年に二代目の同社代表取締役社長に就任。北海道ローカルであることを強みに、時代や流行に媚びることなくおいしさを届ける、これを信条とし、売上は年々向上している。毎年開催する節分のイベントでは1万人集客するなど、地元から愛されている。

本書についての
ご意見・ご感想はコチラ

小さな豆屋の反逆
田舎の菓子製造業が貫いたレジリエンス経営

二〇二二年一月三一日 第一刷発行

著 者 池田光司
発行人 久保田貴幸
発行元 株式会社 幻冬舎メディアコンサルティング
〒一五一-〇〇五一 東京都渋谷区千駄ヶ谷四-九-七
電話 〇三-五四一一-六四四〇（編集）
発売元 株式会社 幻冬舎
〒一五一-〇〇五一 東京都渋谷区千駄ヶ谷四-九-七
電話 〇三-五四一一-六二二二（営業）

印刷・製本 中央精版印刷株式会社
装 丁 弓田和則

検印廃止

Printed in Japan ISBN 978-4-344-93709-3 C0036
幻冬舎メディアコンサルティングHP http://www.gentosha-mc.com/